Das Tierreich

Eine Zusammenstellung und Kennzeichnung der rezenten Tierformen

Begründet von der Deutschen Zoologischen Gesellschaft

Im Auftrage der

Preußischen Akademie der Wissenschaften zu Berlin

herausgegeben von

F. E. Schulze (†), W. Kükenthal (†)

fortgesetzt von **K. Heider**

Schriftleiter: **C. Apstein**

„Πάντα ῥεῖ“ *„Sine systemate chaos“*

49. Lieferung

Amphibia

Anura II

bearbeitet von

Dr. Fr. Nieden
Düsseldorf

Mit 55 Abbildungen

Berlin und Leipzig 1926

Walter de Gruyter & Co.

vormals G. J. Göschen'sche Verlagshandlung — J. Guttentag, Verlagsbuchhandlung
Georg Reimer — Karl J. Trübner — Veit & Comp.

Ausgegeben September 1926

Das Tierreich

Im Auftrage der

Preußischen Akademie der Wissenschaften zu Berlin

herausgegeben von

F. E. Schulze (†), W. Kükenthal (†)

fortgesetzt von **K. Heider**

Schriftleiter: **C. Apstein**

49. Lieferung

Amphibia

Anura II

Engystomatidae

bearbeitet von

Dr. Fr. Nieden
Düsseldorf

Mit 55 Abbildungen

Berlin und Leipzig 1926

Walter de Gruyter & Co.

vormals G. J. Göschen'sche Verlagshandlung — J. Guttentag, Verlagsbuchhandlung
Georg Reimer — Karl J. Trübner — Veit & Comp.

Ausgegeben September 1926

Druck: August Hopfer, Burg Bz. Mgdbg.

Inhalt

Die Literatur wurde bis 31. Dezember 1919 berücksichtigt.

Die Figuren sind von Herrn P. Flanderky gezeichnet.

Literatur-Kürzungen

Abh. Bayer. Ak. — Abhandlungen der mathematisch-physikalischen Classe der Königlich Bayerischen Akademie der Wissenschaften. München. 4.

Abh. Mus. Dresden — Abhandlungen und Berichte des Königlichen zoologischen und anthropologisch-ethnographischen Museums zu Dresden. Berlin. 4.

Abh. Mus. Magdeburg — Abhandlungen und Berichte aus dem Museum für Natur- und Heimatkunde und dem Naturwissenschaftlichen Verein in Magdeburg. Magdeburg. 4.

Abh. Senckenb. Ges. — Abhandlungen herausgegeben von der Senckenbergischen naturforschenden Gesellschaft. Frankfurt a. M. 4.

L. Agassiz, Nomencl. zool. — Nomenclator zoologicus, continens Nomina systematica Generum Animalium tam viventium quam fossilium. Auctore L. Agassiz. 1 Vol. & Index universalis. Soloduri. 1842—46, 46. 4.

Amer. Natural. — The American Naturalist. Salem (Philadelphia) (Boston). 8.

An. Mus. Buenos Aires — Anales del Museo publico de Buenos Aires. Buenos Aires. 4 (8).

Ann. Mus. Congo — État indépendant du Congo. Annales du Musée du Congo, publiées par Ordre du Secrétaire d'état. Serie II. Zoologie. Bruxelles. 4.

Ann. Mus. Genova — Annali del Museo civico di Storia naturale di Genova. Genova. 8.

Ann. Mus. Hungar. — Annales historico-naturales Musei nationalis Hungarici. A Magyar nemzeti Muzeum Természetrajzi Osztályainak Folyóirata. A Magyar Tudományos Akadémia Támogatásával kiadja a Magyar nemzeti Muzeum. Szerkeszti Horváth Géza. Budapest. 8.

Ann. nat. Hist. — The Annals and Magazine of natural History, including Zoology, Botany, and Geology. London. 8.

Ann. Phil. — The Annals of Philosophy[; or Magazine of Chemistry, Mineralogie, Mechanics, natural History; Agriculture and the Arts. By Thomas Thomson]. London. 8.

Ann. S. Afr. Mus. — Annals of the South African Museum. Cape Town. 8.

Ann. Sci. nat. — Annales des Sciences naturelles. — [Sér. 2—4:] Zoologie ([Sér. 5 & sequ.:] Zoologie et Paléontologie). Paris. 8.

Ann. Transvaal Mus. — Annals of the Transvaal Museum. Pretoria. 8.

Arch. Naturg. — Archiv für Naturgeschichte. Berlin. 8.

Ark. Zool. — Arkiv för Zoologi utgifvet af K. Svenska Vetenskaps-Akademien. Stockholm. 8.

Ber. Offenb. Ver. — . . . Bericht über die Thätigkeit des Offenbacher Vereins für Naturkunde in den Vereinsjahren . . . . . . Offenbach. 8.

Berthold, Latreille's Fam. Thierr. — Latreille's natürliche Familien des Thierreichs. Aus dem Französischen. Mit Anmerkungen und Zusätzen von Arnold Adolph Berthold. Weimar. 1827. 8.

Bijdr. Dierk. — Bijdragen tot de Dierkunde. Uitgegeven door het [Koninklijk zoologisch] Genootschap Natura Artis Magistra[, te Amsterdam]. Amsterdam. 4.

Biol. Centr.-Amer. — Biologia Centrali-Americana; or, Contributions to the Knowledge of the Fauna and Flora of Mexico and Central-America. Edited by F. Ducane Godman [and Osbert Salvin]. London. 4.

Bocage, Herpét. Angola — Herpétologie d'Angola et du Congo. Ouvrage publié sous les Auspices du Ministère de la Marine et des Colonies par J. V. Barboza du Bocage. Lisbonne. 1895. 8.

Boettger, Kat. Batr. Mus. Senckenb. — Katalog der Batrachier-Sammlung im Museum der Senckenbergischen Naturforschenden Gesellschaft in Frankfurt am Main. Von O. Boettger. Abgeschlossen Mitte August 1892. Frankfurt am Main. 8.

Boll. Mus. Torino — Bollettino dei Musei di Zoologia ed Anatomia comparata della Reale Università di Torino. Torino. 8.

Boulenger, Cat. Batr. sal. Brit Mus. — Catalogue of the Batrachia salientia s. ecaudata in the Collection of the British Museum. II. Edition. By George Albert Boulenger. London. 1882. 8.

Boulenger, Vert. Fauna Malay, Rept. Batr. — A Vertebrate Fauna of the Malay Peninsula from the Isthmus of Kra to Singapore. Reptilia et Batrachia by G. A. Boulenger. London. 1912. 8.

Bull. Mus. Harvard — Bulletin of the Museum of comparative Zoology at Harvard College, in Cambridge. Cambridge. Mass., U. S. A. 8.

Bull. Mus. Paris — Bulletin du Muséum d'Histoire naturelle. Paris. 8.

Bull. Soc. philom. — Bulletin de la Société philomathique de Paris. Paris. 4.

Bull. Soc. zool. France — Bulletin de la Société zoologique de France. Paris. 8.

Bull. univ. Sci. nat. — Bulletin des Sciences naturelles et de Géologie. Deuxième Section du Bulletin universel des Sciences et de l'Industrie, publié sous la Direction de Bar. de Férussac. Paris. 8.

Bull. U. S. Mus. — Bulletin of the United States national Museum. Washington. 8.

Cambridge nat. Hist. — The Cambridge natural History. Edited by S. F. Harmer and A. E. Shipley. — Vol. 8. Amphibia and Reptiles. By Hans Gadow. London. 1901. 8.

Cornalia, Vert. Syn. Mus. Mediol. — E. Cornalia, Vertebratorum Synopsis in Musaeo Mediolanense extantium quae per novum Orbem Cajetanus Osculati collegit Annis 1846—47—48. Speciebus novis vel cognitis adjectis, nec non Descriptionibus atque Iconibus illustratis, curante. Mediolani. 1849. 4.

G. Cuvier, Règne an., ed. 2 — Le Règne animal distribué d'après son Organisation, pour servir de Base à l'Histoire naturelle des Animaux et d'Introduction à l'Anatomie comparée. Par [Georges] Cuvier. Nouvelle Édition, revue et augmentée. [Tom. 4 & 5:] Par [Pierre André] Latreille. Tom. 1—5. Paris. 1829, 29, 30, 29, 29. 8.

Dahl, Col. Lep. Verz. — Coleoptera und Lepidoptera. Ein systematisches Verzeichniss, mit beygesetzten Preisen der Vorräthe; von Georg Dahl. Wien. 1823. 8.

Dahlbom, Hym. Eur. — Hymenoptera Europaea praecipue Borealia. Formis Typicis nonnullis Specierum Generumve Exoticorum aut Extraneorum propter nexum systematicum associatis; Per Familias, Genera, Species et Varietates disposita atque descripta ab Andrea Gustavo Dahlbom. Lund, Berolini. 8.

Daudin, Hist. Rainett. — Histoire naturelle des Rainettes, des Grenouilles et des Crapauds par F. M. Daudin. Paris. XI [1803]. 4.

Daudin, Hist. Rept. — Histoire naturelle, générale et particulière des Reptiles; Ouvrage faisant Suite à l'Histoire naturelle générale et particulière, composée par Leclerc de Buffon, et rédigée par C. S. Sonnini. Par F. M. Daudin. Tome 1—8. Paris. X, XI [1802, 1803]. 8.

Dejean, Cat. Col., ed. 2 — Catalogue des Coléoptères de la Collection de M. le Comte [P. F. M. Auguste] Dejean. [Editio 2.] Lief. 1—5. Paris. 1833 (1833, 34, 35). 8.

Denk. Ak. Wien — Denkschriften der Kaiserlichen Akademie der Wissenschaften. — Mathematisch-naturwissenschaftliche Classe. Wien. 4.

Denk. Ges. Jena — Denkschriften der medicinisch-naturwissenschaftlichen Gesellschaft zu Jena. Jena. 4.

M. Dickerson, Frog Book — The Frog Book: North American Toads and Frogs; with a Study of the Habits and Life-Histories of those of the Northeastern States; with over 300 Photographs from Life by the Author. Mary C. Dickerson. New York. 1906. 8.

C. Duméril & G. Bibron, Erpét. — Erpétologie générale ou Histoire naturelle complète des Reptiles, par A. M. C. Duméril et par G. Bibron. Tome 1—9. Atlas. Paris. 1834—54. 8.

Enc. sci. — Encyclopédie scientifique. Publiée sous la Direction du Dr. Toulouse. Bibliothèque de Zoologie: Directeur Gustave Loisel. Paris. 8.

Ergeb. D. Zentr.-Afr.-Exp. — Wissenschaftliche Ergebnisse der Deutschen Zentral-Afrika-Expedition 1907—1908 unter Führung Adolf Friedrichs, Herzogs zu Mecklenburg. Leipzig. 8.

Fauna Brit. Ind. — The Fauna of British India, including Ceylon and Burma. Published under the Authority of the Secretary of State for India in Council. Edited by W. T. Blanford. London, Calcutta usw. 8.

Fitzinger, Classif. Rept. — Neue Classification der Reptilien nach ihren natürlichen Verwandtschaften. Nebst einer Verwandtschafts-Tafel und einem Verzeichnisse der Reptilien-Sammlung des kk. zoologischen Museums zu Wien. Von L. J. Fitzinger. Wien. 1826. 4.

Fitzinger, Syst. Rept. — Systema Reptilium Auctore Leopoldo Fitzinger. Vindobonae. 1843. 8.

Gay, Hist. Chile — Historia fisica y politica de Chile segun Documentos adquiridos . . . y publicada bajo los Auspicios del supremo Gobierno por Claudio Gay. — Zoologia. Tom. 1—8; Atlas. Paris. 1847—54. 8 & 2.

Gistel, Naturg. Thierr. — Naturgeschichte des Thierreichs. Für höhere Schulen bearbeitet durch Johannes Gistel. Mit einem Atlas von 32 Tafeln . . . Stuttgart. 1848. 2.

Gravenhorst, Delic. Mus. Vratislav. — Deliciae Musei zoologici Vratislaviensis continens Chelonias et Batrachia. Auctore J. L. C. Gravenhorst. Fasc. 1. Lipsiae. 1829. 2.

Gray, Zool. Misc. — The zoological Miscellany. To be continued occasionally. By John Edward Gray. London. 1831, 42, 44. 8.

Gronovius, Zoophyl. — Zoophylacium Gronovianum, exhibens Animalia Quadrupeda, Amphibia, Pisces, Insecta, Vermes, Mollusca, Testacea, et Zoophyta, quae in Museo suo adservavit, Examini subjecit, systematice disposuit atque descripsit Laur. Theod. Gronovius. Fasciculus 1—3. Lugduni Batavorum. 1781 (1763, 64, 81). 2.

Günther, Cat. Batr. sal. Brit. Mus. — Catalogue of the Batrachia salientia in the Collection of the British Museum. By Albert Günther. London. 1858. 8.

Günther, Rept. Brit. Ind. — The Reptiles of British India. By Albert C. L. G. Günther. London. 1864. 4.

Guérin-Méneville, Iconogr. Règne an. — Iconographie du Règne animal de G. Cuvier, ou Représentation d'après Nature de l'une des Espèces les plus remarquables et souvent non encore figurées, de chaque Genre d'Animaux. Avec un Texte descriptif mis au Courant de la Science. Par F. E. Guérin-Méneville. Tom. 1—3. Paris, Londres. 1829—44. 4 (& 8).

Holbrook, N. Amer. Herpet. — North American Herpetology; or, a Description of the Reptiles inhabiting the United States. By John Edwards Holbrook. *v.* 1—5. 1836—41. Ed. 2 *v.* 1—5. Philadelphia. 1842. 4.

Isis — Isis [Encyklopädische Zeitschrift, vorzüglich für Naturgeschichte, vergleichende Anatomie und Physiologie] von [Lorenz von] Oken. Leipzig. 4.

J. Ac. Philad. — Journal of the Academy of natural Sciences of Philadelphia. Philadelphia. 8 (4).

J. Asiat. Soc. Bengal — Journal of the Asiatic Society of Bengal — [Vol. 34 & sequ.:] Part II, Natural History etc. Calcutta. 8.

J. Bombay Soc. — The Journal of the Bombay natural History Society. Bombay. 8.

Klein, Quadrup. Dispos. — Jacobi Theodori Klein, Quadrupedum Dispositio brevisque Historia Naturalis. Lipsiae. 1751. 4.

Lacépède, Quadrup. ovip. Serp. — Quadrupèdes ovipares et Serpens par de Lacépède. — in: Buffon, Geo Louis Leclerc etc. — Histoire naturelle, générale et particulière, avec la Description du Cabinet du Roi. — *v.* 1, 2. Paris. 1788, 89. 4.

Latreille, Fam. Règne an. — Familles naturelles du Règne animal, exposées succinctement et dans un Ordre analytique, avec l'Indication de leurs Genres. Par [Pierre André] Latreille. Paris. 1825. 8.

Laurenti, Syn. Rept. — Josephi Nicolai Laurenti ...... Specimen medicum, exhibens Synopsin Reptilium emendatam cum Experimentis circa Venena et Antidota Reptilium Austriacorum. Viennae. 1768. 8.

Lichtenstein & Martens, Nomencl. Rept. Mus. Berolin. — H. Lichtenstein & E. Martens, Nomenclator Reptilium et Amphibiorum Musei zoologici Berolinensis. Namenverzeichnis der in der zoolog. Sammlung der königl. Universität zu Berlin aufgestellten Arten von Reptilien und Amphibien nach ihren Ordnungen, Familien und Gattungen. Berlin. 1856. 8.

Linné, Amoen. ac. — Caroli à Linné Amoenitates academicae; seu Dissertationes variae physicae, medicae, botanicae, antehac seorsim editae, nunc collectae et auctae cum Tabulis aeneis. Vol. 1—7. Holmiae. 1749, 52, 56, 60, 60, 63, 69. 8.

Linné, Mus. Adolph. Frider. — Museum S. R. M. Adolphi Friderici Regis Svecorum, ... in quo Animalia rariora imprimis et exotica: Quadrupeda, Aves, Amphibia, Pisces, Insecta, Vermes describuntur et determinantur latine et svetice cum Iconibus jussu Reg. a Car. Linnaeo. Holmiae. 1754. 2.

Linné, Syst. Nat., ed. 10 — Caroli Linnaei Systema Naturae per Regna tria Naturae, secundum Classes, Ordines, Genera, Species, cum Characteribus, Differentiis, Synonymis, Locis. Editio X, reformata. — Tomus I. Holmiae. 1758. 8.

Linné, Syst. Nat., ed. 12 — Caroli a Linné Systema Naturae per Regna tria Naturae, secundum Classes, Ordines, Genera, Species, cum Characteribus, Differentiis, Synonymis, Locis. Editio XII, reformata. — Tomus I. Pars 1, 2. Holmiae. 1766, 67. 8.

Mag. Zool. — Magasin de Zoologie [Sér. 2:], d'Anatomie comparée et de Paléontologie]. Paris. 8.

A. Marschall, Nomencl. zool. — Nomenclator zoologicus continens Nomina systematica Generum Animalium tam viventium quam fossilium, secundum Ordinem alphabeticum disposita. Conscriptus a Comite Augusto de Marschall. Vindobonae. 1873. 8.

Mem. Mus. Harvard — Memoirs of the Museum of comparative Zoology at Harvard College. Cambridge, Mass. 4.

Mem. Queensl. Mus. — Memoirs of the Queensland Museum. Brisbane. 8.

Mém. Soc. zool. France — Mémoires de la Société zoologique de France. Paris. 8.

Merrem, Versuch Syst. Amph. — Versuch eines Systems der Amphibien von Blasius Merrem. [2. Titel:] Tentamen Systematis Amphibiorum Auctore Blasio Merrem. Marburg. 1820. 8.

Miss. Mex. — Mission scientifique au Mexique et dans l'Amérique centrale, Ouvrage publié par Ordre du Ministre de l'Instruction publique. — Recherches zoologiques . . . publiées sous la Direction de [Henri] Milne Edwards. Paris. 4.

Monber. Ak. Berlin — Monatsberichte der Königlich Preussischen Akademie der Wissenschaften zu Berlin. Berlin. 8.

Mt. Ges. Bern — Mittheilungen der naturforschenden Gesellschaft in Bern. Bern. 8.

Mt. Mus. Berlin — Mitteilungen aus der zoologischen Sammlung des Museums für Naturkunde in Berlin. Berlin. 4.

Nachr. Ges. Götting. — Nachrichten von der Königl. Gesellschaft der Wissenschaften und der Georg-Augusts-Universität zu Göttingen. Göttingen. 8.

N. Acta Ac. Leop. — Nova Acta Academiae Caesareae Leopoldino-Carolinae Germanicae Naturae Curiosorum. Verhandlungen der Kaiserlichen Leopoldinisch-Carolinischen Akademie der Naturforscher. Norimbergae (Erlangen etc.). 4.

Napp, Argent. Republik — Richard Napp, Die Argentinische Republik. Buenos Aires. 1876. 8.

N. Arch. Mus. Paris — Nouvelles Archives du Muséum d'Histoire naturelle. Paris. 4.

Nat. Hist. Rev. — The natural History Review. A quarterly Journal. London. 8.

Naturaliste — Le Naturaliste. Paris. 4.

Natuurk. Tijdschr. Nederl. Ind. — Natuurkundig Tijdschrift voor Nederlandsch Indie. Batavia (s'Gravenhage). 8.

Not. Leyden Mus. — Notes from the Leyden Museum. Leyden. 8.

Nova Guinea — Nova Guinea. Résultats (géologiques, botaniques, zoologiques, anthropologiques et ethnographiques) des Expéditions scientifiques Néerlandaises à la Nouvelle-Guinée en 1903, 1907—09 et 1912—13. Zoologie. Leide. 4.

Nov. zool. — Novitates zoologicae. A Journal of Zoology in Connection with the Tring Museum. Tring. 8.

Okada, Cat. Vert. Jap. —

Orbigny, Voy. Amér. mérid. — Voyage dans l'Amérique méridionale, exécuté pendant les Années 1826—33 par Alcide d'Orbigny. *v.* 1—7. Paris, Strasbourg. 1834—47. 4.

P. Ac. Philad. — Proceedings of the Academy of natural Sciences of Philadelphia. Philadelphia. 8.

P. Amer. phil. Soc. — Proceedings of the American philosophical Society held at Philadelphia, for promoting useful Knowledge. Philadelphia. 8.

P. Asiat. Soc. Bengal — Proceedings of the Asiatic Society of Bengal. Calcutta. 8.

P. biol. Soc. Washington — Proceedings of the biological Society of Washington. Washington. 8.

Period. zool. — Periódico zoológico. Organo de la Sociedad entomologica zoológica. Buenos Aires y Córdoba. 8.

Peters, Reise Mossamb. — Naturwissenschaftliche Reise nach Mossambique auf Befehl Sr. Maj. des Königs Friedrich Wilhelm IV. in den Jahren 1842 bis 48 ausgeführt von W. Peters. — Zoologie. *v.* 1, 3, 4, 5. Berlin. 1852, 82, 68, 62. 4.

Philippi, Supl. Batr. Chilen. — R. A. Philippi, Suplements a los Batragnios Chilenos descritos en la Historia fisica i politica de Chile de Don C. Gay. Santiago de Chile. 1902. 8.

P. Linn. Soc. N. S. Wales — The Proceedings of the Linnean Society of New South Wales. Sydney. 8.

P. N. Engl. zool. Club — Proceedings of the New England zoological Club. Boston, Mass. 8.

P. U. S. Mus. — Proceedings of the United States national Museum. Washington. 8.

P. zool. Soc. London — Proceedings of the zoological Society of London. London. 8.

Rec. Austral. Mus. — Records of the Australian Museum. Sydney. 8.

Reise Novara — Reise der Österreichischen Fregatte „Novara" um die Erde in den Jahren 1857—59 unter den Befehlen des Commodore B. von Wüllerstorf-Urbair. Wissenschaftlicher Theil. — Zoologischer Theil. *v.* 1, 2. Wien. 1864—75. 4.

SB. Ak. Berlin — Sitzungsberichte der Königlich Preussischen Akademie der Wissenschaften zu Berlin. Berlin. 8.

SB. Ak. Wien — Sitzungsberichte der Kaiserlichen Akademie der Wissenschaften. — Mathematisch-naturwissenschaftliche Classe. Wien. 8.

SB. Ges. Fr. Berlin — Sitzungsberichte der Gesellschaft naturforschender Freunde zu Berlin. Berlin. 4, 8.

Schlegel, Abbild. Amph. — Abbildungen neuer oder unvollständig bekannter Amphibien, nach der Natur oder dem Leben entworfen, herausgegeben und mit einem erläuternden Texte begleitet von H. Schlegel. Düsseldorf. 1837—44. 8 & 4.

Schlegel, Handl. Dierk. — Natuurkundige Leercursus ten Gebruike der Koninklijke Militaire Akademie. Handleiding tot de Beoefening der Dierkunde, door H. Schlegel. Deel 1, 2; Atl. Breda. 1857, 58. 8 & 2.

Schneider, Hist. Amph. — Historiae Amphibiorum naturalis et literariae Fasciculus primus (secundus) continens ... Auctor Ioan. (Johann.) Gottlob Schneider. Jena. 1799, 1801. 8.

Seba, Thesaurus — Locupletissimi Rerum naturalium Thesauri accurata Descriptio, et Iconibus artificiosissimis Expressio, per universam Physices Historiam. Opus, cui in hoc Rerum Genere, nullum par exstitit. Ex toto Terrarum Orbe collegit, digessit, descripsit, et depingendum curavit Albertus Seba. Tom. 1—4. Amstelaedami. 1734, 35, 61, 65. 2.

G. Shaw, Gen. Zool. — General Zoology, or systematic natural History by George Shaw ([Vol. 9—14:] commenced by the late George Shaw. By James Francis Stephens). Vol. 1 I & II—14 I & II. London. 1800—26. 8.

Siebold & Stannius, Handb. Zoot. — Handbuch der Zootomie von Siebold und Stannius. 2. Theil. Die Wirbelthiere von Hermann Stannius. 2. Auflage 2. Buch: Zootomie der Amphibien. Berlin. 1854, 1856. 8.

Smith, Ill. Zool. S.-Afr. — Illustrations of the Zoology of South Africa; consisting chiefly of Figures and Descriptions of the Objects of natural History collected during an Expedition into the Interior of South Africa, in the Years 1834, 1835, and 1836; ... By Andrew Smith. London. 1849 [1838—49][1]. 4.

Sonnini & Latreille, Hist. Rept. — Histoire naturelle des Reptiles, avec Figures dessinées d'après Nature; par C. S. Sonnini et P. A. Latreille. Tome 1—4. Paris. X [1802]. 12.

Spix, Spec. Testud. Ran. Bras. — Animalia nova sive Species novae Testudinum et Ranarum, quas in Itinere per Brasiliam Annis 1817—1820 Jussu et Auspiciis Maximiliani Josephi I. Bavariae Regis suscepto collegit et descripsit J. B. de Spix. Monachii. 1824. 2.

Spolia Zeyl. — Spolia Zeylanica. Issued by the Colombo Museum, Ceylon. Colombo. 8.

Svenska Ak. Handl. — Kongliga Svenska Vetenskaps-Akademiens Handlingar. Stockholm. 8 (4).

Tabl. enc. méth. — Tableau encyclopédique et méthodique des trois Règnes de la Nature. Paris. 1788—1828. 4.

Termés. Füzetek — Természetrajzi Füzetek az Állat-, Növény-, Ásvány-, és Földtan Köréböl]. Kiadja a Magyar nemzeti Múzeum. Budapest. 8.

Tornier, Kriechth. D.-O.-Afr. — Die Kriechthiere Deutsch-Ost-Afrikas. Beiträge zur Systematik und Descendenzlehre von Gustav Tornier. Berlin. 1896. 8.

Tr. Linn. Soc. London — The Transactions of the Linnean Society of London. — [Ser. 2:] Zoology. London. 4.

Tr. zool. Soc. London — Transactions of the zoological Society of London. London. 4.

Tschudi, Classif. Batr. — Classification der Batrachier, mit Berücksichtigung der fossilen Thiere dieser Abtheilung der Reptilien; von J. J. Tschudi [Neuchatel]. [1838.] 4. [& in *Mém. Soc. Neuchatel, v.* 2, 1839.]

U. S. expl. Exp. — United States exploring Expedition. During the Years 1838—42. Under the Command of Charles Wilkes. *v.* 1—17. New York, Philadelphia etc. 1846—1858. 4 & 2.

Verh. Batav. Genoot. — Verhandelingen van het Bataviaasch Genootschap van Kunsten en Wetenschappen. Batavia. 4.

Verh. Ges. Basel — Verhandlungen der naturforschenden Gesellschaft in Basel. Basel. 8.

Verh. Ges. Wien — Verhandlungen der kaiserlich-königlichen zoologisch-botanischen Gesellschaft in Wien. Wien. 8.

Vert. Viaje Pacif. — Vertebrados del Viaje al Pacifico verificado del 1862 a 1865 por una Comision de Naturalistas enviada por el Gobierno Español. Madrid. 4.

Voeltzkow, Reise O.-Afr. — Reise in Ostafrika in den Jahren 1903—1905 mit Mitteln der Hermann und Elise geb. Heckmann-Wentzel-Stiftung ausgeführt von Alfred Voeltzkow. Wissenschaftliche Ergebnisse. Systematische Arbeiten. Stuttgart. 4.

Voy. Bonite — Voyage autour du Monde, exécuté pendant les Années 1836 et 1837, sur la Corvette La Bonite, commandée par Vaillant. Publié par Ordre du Roi [du Gouvernement], sous les Auspices du Département de la Marine. — Zoologie, par Eydoux et Souleyet. Tom. 1, 2; Atlas. Paris. 1841, 52. 8 & 2.

Wagler, Syst. Amph. — Natürliches System der Amphibien, mit vorangehender Classification der Säugethiere und Vögel. Ein Beitrag zur vergleichenden Zoologie. Von Joh. Wagler. München, Stuttgart und Tübingen. 1830. 8.

Wied, Beitr. Naturg. Bras. — Beiträge zur Naturgeschichte von Brasilien, von Maximilian, Prinzen zu Wied. Band 1, 2, 3 I & II, 4 I & II. Weimar. 1825, 26, 30, 31, 32, 33. 8.

---

[1]) Cfr.: F. H. Waterhouse in: P. zool. Soc. London, 1880 p. 489—491.

Work J. S. Budgett — The Work of John Samuel Budgett, being a Collection of his zoological Papers, together with a biographical Sketch by A. E Shipley and Contributions by R. Assheton, E. J. Bles and others. Edited by J. G. Kerr. Cambridge. 1907. 4.

Würzburg. Z. — Würzburger naturwissenschaftliche Zeitschrift. Herausgegeben von der physikalisch-medicinischen Gesellschaft. Würzburg. 8.

Zool. Anz. — Zoologischer Anzeiger. Leipzig. 8.

Zool. Jahrb. — Zoologische Jahrbücher. — Zeitschrift für Systematik, Geographie und Biologie der Thiere. Jena. 8.

Zool. Jahrb., Syst. — Zoologische Jahrbücher. — Abtheilung für Systematik, Geographie und Biologie der Thiere. Jena. 8.

Zool. Rec. — The zoological Record. London. 8.

Zool. Voy. Beagle — The Zoology of the Voyage of H. M. S. Beagle, under the Command of Captain Fitzroy, during the Years 1832—36. Edited and superintended by Charles Darwin. *v.* 1—5. London. 1840, 39, 41, 42, 43. 4.

Systematischer Index

[Neue Gattungen und Artnamen sind durch ein Kreuz (†) bezeichnet]

Engystomatidae

1882 *E.* + *Dyscophidae,* Boulenger, Cat. Batr. sal. Brit. Mus., ed. 2 p. 146, 179 | 1889 *Hemisidae* + *Brevicipitidae* + *Engystomidae* + *Phryniscidae* + *Cophylidae* + *Dyscophidae,* E. D. Cope in: Bull. U. S. Mus., *v.* 34 p. 382, 384, 387, 390 | 1901 *Engystomatidae,* Gadow in: Cambridge nat. Hist., *v.* 8 p. 225 | 1910 *Dyscophidae* + *E.*, Boulenger in: Enc. sci., Batr. p. 151.

Rechte und linke Hälfte des Schultergürtels durch einen medianen, unpaaren Epicoracoidknorpel fest verbunden (Fig. 1 p. 4). Querfortsätze des Sacralwirbels mehr oder weniger stark verbreitert.

Die Familie umfaßt in 3 Unterfamilien 54 Gattungen mit 173 sicheren und 9 unsicheren Arten.

Bestimmungstabelle der Unterfamilien:

1	Ober- und Unterkiefer unbezahnt	A. Unterfam. **Engystomatinae**
	Zähne im Ober- oder im Unterkiefer vorhanden — 2	
2	Zähne im Oberkiefer vorhanden	B. Unterfam. **Dyscophinae**
	Zähne im Unterkiefer vorhanden (Fig. 54) . .	C. Unterfam. **Genyophryninae**

A. Unterfam. **Engystomatinae**

1825 *Bombinatorina* (part.), J. E. Gray in: Ann. Phil., ser. 2 *v.* 10 p. 214 | 1826 *Bufonoidea* (part.), Fitzinger, Classif. Rept., p. 65 | 1838 *Bombinatores* (part.) + *Bufones* (part.), Tschudi, Classif. Batr., p. 83, 87 | 1841 *Hylaeformes* (part.) + *Bufoniformes* (part.), C. Duméril & G. Bibron, Erpét., *v.* 8 p. 491, 640 | 1843 *Atelopoda* + *Pseudae* (part.) + *Gastrophrynae* (part.), Fitzinger, Syst. Rept., p. 32, 33 | 1858 *Asterophrydidae* (part.) + *Phryniscidae* + *Brachycephalidae* + *Rhinodermatidae* + *Engystomatidae* + *Bufonidae* (part.) + *Micrhylidae* + *Hylaedactylidae* + *Brachymeridae,* Alb. Günther, Cat. Batr. sal. Brit. Mus., p. 37, 42, 45, 47, 51, 54, 121, 122, 124 | 1865 *Engystomidae* + *Brachymeridae* (part.) + *Asterophrydidae* (part.), E. D. Cope in: Nat. Hist. Rev., p. 100, 101, 107 | 1867 *Brevicipitidae* + *Engystomidae* + *Phryniscidae* + *Hemisidae,* E. D. Cope in: J. Ac. Philad., ser. 2 *v.* 6 p. 190, 198 | 1867 *Engystomidae* (part.), Steindachner in: Reise Novara, Amph. p. 35 | 1869 *Phryniscidae* (Unterfam. *Phryniscina* + *Hemisina* + *Micrhylina*) + *Bufonidae* (part.: Unterfam. *Kalophrynina*) + *Xenorhinidae* + *Engystomidae* (part.: Unterfam. *Engystomina*+*Brevicipitina*), Mivart in: P. zool. Soc. London, p. 288, 289 | 1875 *Phryniscidae* + *Engystomidae* + *Brevicipitidae* + *Hemisidae,* E. D. Cope in: Bull. U. S. Mus., *v.* 1 p. 8 | 1882 *Engystomatidae,* Boulenger, Cat. Batr. sal. Brit. Mus., ed. 2 p. 146 | 1882 *Bufoniformes* (part.), P. Brocchi in: Miss. Mex., pars 3 Sect. 2 p. 68 | 1889 *Hemisidae* + *Brevicipitidae* + *Engystomidae* + *Phryniscidae,* E. D. Cope in: Bull. U. S. Mus., *v.* 34 p. 382, 384, 387 | 1900 *Brachycephalidae* + *Engystomatidae,* Alb. Günther in: Biol. Centr. Amer., Rept. & Batr. p. 208, 209 | 1901 *Engystomatinae,* Gadow in: Cambridge nat. Hist., *v.* 8 p. 225 | 1901 *Symphygnathinae* + *Eleutherognathinae,* Méhely in: Termés. Füzetek, *v.* 24 p. 219, 237 | 1910 *Engystomatidae,* Boulenger in: Enc. sci., Batr. p. 151.

Ober- und Unterkiefer unbezahnt, aber Gaumenzähne bei einigen Gattungen vorhanden.

42 sichere Gattungen und 1 unsichere Gattung mit 148 sicheren und 9 unsicheren Arten.

Bestimmungstabelle der Gattungen:

1	Praecoracoide vorhanden (bei einigen Gattungen sind ihrem Vorderrande noch stabförmige knöcherne Claviculae [Fig. 28 & 31] angelagert) — **2**	
	Praecoracoide fehlen — **24**	
2	Pupille horizontal — **3**	
	Pupille vertikal oder rund — **16**	
3	Gaumenzähne fehlen — **4**	
	Gaumenzähne vorhanden — **15**	
4	Omosternum fehlt — **5**	
	Omosternum vorhanden — **14**	
5	Gaumenfalten fehlen — **6**	
	1 oder 2 quere Hautfalten am Gaumen oder vor dem Schlundeingang vorhanden — **10**	
6	Coracoide am medialen Ende stark verbreitert und mit ihren Längsachsen einen spitzen Winkel bildend (Fig. 1)	1. Gen. **Breviceps**
	Coracoide am medialen Ende nicht verbreitert, annähernd quer zur Längsachse des Körpers stehend — **7**	
7	Hinterfuß mit nur 4 Zehen, davon 2 noch sehr verkümmert (Fig. 6)	2. Gen. **Didynamipus**
	Hinterfuß mit 5 Zehen, von denen die 1. verkümmert sein kann — **8**	
8	Haut auf dem Rücken ohne Knocheneinlagerungen — **9**	
	Haut auf dem Rücken mit eingelagerten Knochenplatten	40. Gen. **Brachycephalus**
9	Hinterfuß als Greiffuß ausgebildet (1. Zehe allein oder 1. und 2. Zehe den übrigen Zehen opponierbar), Coracoide und Praecoracoide bilden eine lange Naht miteinander	41. Gen. **Oreophrynella**
	Hinterfuß kein Greiffuß; 1. Zehe manchmal verkümmert; Coracoide und Praecoracoide stark divergierend	42. Gen. **Atelopus**
10	Zunge annähernd dreieckig	20. Gen. **Microbatrachus**
	Zunge elliptisch, oval oder kreisrund — **11**	
11	Claviculae fehlen; Fingerspitzen stark, Zehenspitzen nicht verbreitert (Fig. 8, 9)	5. Gen. **Scaphiophryne**
	Knöcherne Claviculae dem Vorderrand der Praecoracoide angelagert (Fig. 28, 31) — **12**	
12	Das laterale Ende der Clavicula erreicht nicht die Scapula derselben Seite (Fig. 28)	17. Gen. **Oreophryne**
	Das laterale Ende der Clavicula stößt an die Scapula derselben Seite (Fig. 32) — **13**	
13	Finger- und Zehenspitzen mehr oder weniger stark verbreitert, mit T-förmigen knöchernen Endphalangen	18. Gen. **Sphenophryne**
	Finger- und Zehenspitzen nicht verbreitert, mit knopfförmigen knöchernen Endphalangen . . .	19. Gen. **Oxydactyla**
14	Finger- und Zehenspitzen verbreitert (Fig. 7), 1 Gaumenfalte vorhanden	3. Gen. **Callulina**
	Finger- und Zehenspitzen nicht verbreitert; 3 Gaumenfalten vorhanden (Fig. 13)	10. Gen. **Calophrynus**
15	Gaumenzähne in ununterbrochener V-Reihe; 1 Gaumenfalte vorhanden	4. Gen. **Rhombophryne**
	Gaumenzähne in 2 getrennten (\/) Reihen; 2 Gaumenfalten vorhanden (Fig. 35)	21. Gen. **Liophryne**

16	Pupille vertikal — **17**	
	Pupille rund — **22**	
17	Omosternum vorhanden — **18**	
	Omosternum fehlt — **20**	
18	Zunge länglich — **19**	
	Zunge dreieckig	39. Gen. **Rhinoderma**
19	Coracoide am medialen Ende stark verbreitert . .	6. Gen. **Pseudohemisus**
	Coracoide am medialen Ende nicht verbreitert, stark caudad gerichtet (Fig. 10)	7. Gen. **Hemisus**
20	Gaumenfalten fehlen	11. Gen. **Melanobatrachus**
	1 oder 2 Gaumenfalten vorhanden — **21**	
21	2 Gaumenfalten vorhanden; Endphalangen einfach	34. Gen. **Hypopachus**
	1 Gaumenfalte vorhanden; Endphalangen schaufelförmig verbreitert (Fig. 46)	35. Gen. **Dermatonotus**
22	Vordere Hälfte der Sclera des Auges verknöchert .	38. Gen. **Stereocyclops**
	Sclera nicht verknöchert — **23**	
23	1 Gaumenfalte vorhanden; Trommelfell unsichtbar	36. Gen. **Chiasmocleis**
	2 Gaumenfalten vorhanden; Trommelfell sichtbar .	37. Gen. **Otophryne**
24	Zunge völlig angewachsen; oberes Augenlid mit häutigen Anhängen (Fig. 36)	22. Gen. **Asterophrys**
	Zunge mindestens an den Seiten, meistens auch hinten frei abhebbar — **25**	
25	Pupille horizontal — **26**	
	Pupille vertikal oder rund — **34**	
26	1 oder 2 Gaumenfalten vorhanden — **27**	
	Gaumenfalten fehlen — **32**	
27	1 oder 2 Knochenstacheln hinter jeder Choane (Fig. 37)	24. Gen. **Xenobatrachus**
	Keine Knochenstacheln hinter den Choanen — **28**	
28	1 Gaumenfalte vorhanden — **29**	
	2 Gaumenfalten vorhanden — **31**	
29	Zehen völlig frei — **30**	
	Zehen durch Schwimmhaut verbunden	26. Gen. **Cophixalus**
30	Hinter jeder Choane eine scharfe, gebogene Knochenleiste (Fig. 39)	27. Gen. **Copiula**
	Keine Knochenleisten hinter den Choanen	25. Gen. **Xenorhina**
31	Nur die hintere Schlundfalte gezähnelt	28. Gen. **Hylophorbus**
	Beide Schlundfalten gezähnelt	29. Gen. **Choerophryne**
32	Finger- und Zehenspitzen zu Haftscheiben verbreitert; Zunge herzförmig	16. Gen. **Phrynella**
	Finger- und Zehenspitzen nicht verbreitert — **33**	
33	Zunge birnförmig, hinten eingeschnitten	8. Gen. **Cacosternum**
	Zunge elliptisch, ganzrandig	32. Gen. **Glossostoma**
34	Pupille vertikal — **35**	
	Pupille rund — **39**	
35	Gaumenzähne vorhanden (in 1 Querreihe)	23. Gen. **Callulops**
	Gaumenzähne fehlen — **36**	
36	1 Gaumenfalte vorhanden — **37**	
	2 Gaumenfalten vorhanden — **38**	
37	Zunge mit tiefer Längsfurche auf der Oberseite (Fig. 16)	13. Gen. **Glyphoglossus**
	Zunge ohne Längsfurche	31. Gen. **Engystoma**
38	Finger- und Zehenspitzen verbreitert, mit an der Spitze verdickten Endphalangen	33. Gen. **Ctenophryne**
	Finger- und Zehenspitzen nicht verbreitert, mit einfachen knöchernen Endphalangen; 2 Knochenvorsprünge hinter den Choanen	12. Gen. **Cacopus**

39 { Oberes Augenlid normal ausgebildet — 40
Oberes Augenlid klappenartig vorspringend (Fig. 44) 30. Gen. **Pomatops**

40 { 2 scharfe (zuweilen bezahnte) Querleisten hinter den Choanen; knöcherne Endphalangen dreieckig oder T-förmig . . . . 14. Gen. **Callula**
Keine Knochenleisten hinter den Choanen — 41

41 { 1 oder 2 Gaumenfalten vor dem Schlundeingang; knöcherne Endphalangen einfach . . . . 15. Gen. **Microhyla**
1 Gaumenfalte zwischen den Choanen; knöcherne Endphalangen T-förmig . . . . 9. Gen. **Phrynomantis**

1. Gen. **Breviceps** Merrem

1758 *Rana* (part.), Linné, Syst. Nat., ed. 10 p. 210 | 1768 *Bufo* (part.), Laurenti, Syn. Rept., p. 25 | 1799 *Rana* (part.), J. G. Schneider, Hist. Amph., *v.* 1 p. 111 | 1803 *Bufo* (part.), Daudin, Hist. Rainett., p. 71 | 1803 *B.* (part.), Daudin, Hist. Rept., *v.* 8 p. 137 | 1820 *Breviceps*, Merrem, Versuch Syst. Amph., p. 177 | 1826 *Engystoma* (part.), Fitzinger, Classif. Rept., p. 65 | 1829 *E.* (part.), G. Cuvier, Règne an., ed. 2 *v.* 2 p. 112 1830 *Systoma*, Wagler, Syst. Amph., p. 205 | 1838 *S.* (part.), Tschudi, Classif. Batr., p. 86 | 1841 *Breviceps*, C. Duméril & G. Bibron, Erpét., *v.* 8 p. 752 | 1843 *Systoma* (part.), Fitzinger, Syst. Rept., p. 33 | 1858 *Breviceps*, Alb. Günther, Cat. Batr. sal. Brit. Mus., p. 52 | 1865 *B.*, E. D. Cope in: Nat. Hist. Rev., p. 102 | 1867 *B.*, E. D. Cope in: J. Ac. Philad., ser. 2 *v.* 6 p. 191 | 1882 *B.*, Boulenger, Cat. Batr. sal. Brit. Mus., ed. 2 p. 176 tf. (Schultergürtel).

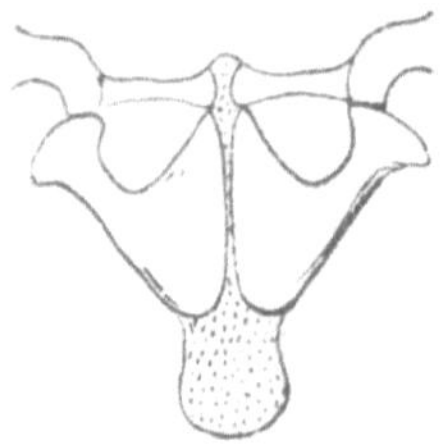

Fig. 1.
Breviceps, Schultergürtel (nach Boulenger).

Pupille horizontal. Zunge oval, ganzrandig, hinten frei abhebbar. Gaumen mit Papillen besetzt, ohne Gaumenzähne und Gaumenfalten. Trommelfell nicht oder nur undeutlich sichtbar. Finger und Zehen ohne Schwimmhaut, die daher auch nicht zwischen die Metatarsen der 4. und 5. Zehe eingreift; Finger- und Zehenspitzen nicht verbreitert, mit einfachen knöchernen Endphalangen. Coracoide am medialen Ende stark verbreitert, mit den gut ausgebildeten, geraden Praecoracoiden einen spitzen Winkel bildend (Fig. 1); Omosternum fehlt, Sternum sehr klein, knorpelig. Querfortsätze des mit dem Os coccygis verschmolzenen Sacralwirbels sehr stark verbreitert.

4 Arten in Afrika.

Bestimmungstabelle der Arten:

1 { 5. Zehe kürzer als der schaufelförmige Metatarsalhöcker — 2
5. Zehe so lang wie oder länger als der flache Metatarsalhöcker . . . . 4. **B. macrodactylus**

2 { 4. Finger so lang oder fast so lang wie der 2. Finger; Augendurchmesser 10—15 mal in der gesamten Kopfrumpflänge enthalten . . . . 1. **B. gibbosus**
4. Finger erheblich kürzer als der 2. Finger; Augendurchmesser höchstens 10 mal in der gesamten Kopfrumpflänge enthalten — 3

3 { Augendurchmesser 8—10 mal in der Kopfrumpflänge enthalten; Subarticularhöcker an Fingern und Zehen deutlich hervortretend . . . . 2. **B. mossambicus**
Augendurchmesser $6\frac{1}{2}$—8 mal in der Kopfrumpflänge enthalten; Subarticularhöcker der Finger sehr klein, die der Zehen völlig fehlend (Fig. 3, 4) . . . . . . 3. **B. macrops**

1. **B. gibbosus** (L.) 1735 „*Rana rubeta Africana*“, Seba, Thesaurus, *v.* 2 t. 37 f. 3 | 1749 „*Rana palmis tetradactylis*“ etc., Linné, Amoen. ac., *v.* 1 p. 286 | 1751 *Bufo acephalus*, Klein, Quadrup. Dispos., p. 121 | 1754 *Rana gibbosa*, Linné, Mus. Adolph. Frider., *v.* 1 p. 48 | 1758 *R. g.*, Linné, Syst. Nat., ed. 10 p. 211 | 1763 „*Rana corpore ventricoso* etc., Gronovius, Zoophyl., p. 15 | 1768 *Bufo gibbosus*, Laurenti, Syn. Rept., p. 27 | 1788 „*Le Bossu*“, Lacépède, Quadrup. ovip. Serp., *v.* 1 p. 599 t. 40 | 1789 „*Le Crapaud Bossu*“, Bonnaterre in: Tabl. enc. méth., Erpét. p. 17 t. 6 f. 7 | 1799 *Rana Breviceps*, J. G. Schneider, Hist. Amph., *v.* 1 p. 140 | 1802 „*Le Crapaud bossu*“, Latreille in: Sonnini & Latreille, Hist. Rept., *v.* 2 p. 119 t. [p. 106] f. 3 | 1802 *Rana breviceps*, G. Shaw, Gen. Zool., *v.* 3 p. 170 t. 52 | 1803 *Bufo gibbosus*, Daudin, Hist. Rainett., p. 80 t. 29 f. 1, t. 35 f. 2 | 1803 *B. g.*, Daudin, Hist. Rept., *v.* 8 p. 158 | 1820 *Breviceps g.*, Merrem, Versuch Syst. Amph., p. 178 | 1826 *Engystoma gibbosa*, Fitzinger, Classif. Rept., p. 65 | 1829 *E. dorsatum* + *E. granosum*, G. Cuvier, Règne an., ed. 2 *v.* 2 p. 112 | 1829 *Breviceps gibbosus*, C. Gravenhorst, Delic. Mus. Vratislav., fasc. 1 p. 69 | 1830 *Systoma g.*, Wagler, Syst. Amph., p. 205 | 1838 *S. breviceps* (part.), Tschudi, Classif. Batr., p. 86 | 1841 *Breviceps gibbosus*, C. Duméril & G. Bibron, Erpét., *v.* 8 p. 754 | 1842 *B. verrucosus*, Rapp in: Arch. Naturg., *v.* 8 I p. 289 t. 6 f. 5 | 1843 *Systoma gibbosum*, Fitzinger, Syst. Rept., p. 33 | 1849 *Breviceps gibbosus* + *B. verrucosus*, A. Smith, Ill. Zool. S.-Afr., Rept. App. p. 27 | 1858 *B. v.* + *B. g.*, Alb. Günther, Cat. Batr. sal. Brit. Mus., p. 52, 53 | 1867 *B. v.*, Steindachner in: Reise Novara, Amph. p. 38 | 1882 *B. gibbosus* + *B. v.*, Boulenger, Cat. Batr. sal. Brit. Mus., ed. 2 p. 176, 177 | 1899 *B. pentheri*, F. Werner in: Zool. Anz., *v.* 22 p. 116 | 1910 *B. gibbosus*, Boulenger in: Ann. S. Afr. Mus., *v.* 5 p. 534.

Körperform sehr gedrungen. Vorderkopf sehr kurz; Mundspalte kurz; Augen klein, ihr Durchmesser 10—15 mal in der gesamten Kopfrumpflänge enthalten. Gliedmaßen sehr kurz; 1. und 2. Finger gleichlang, letzterer so lang wie oder sehr wenig länger als der 4. Finger; 5. Zehe nicht länger als die 1. Zehe; Subarticularhöcker deutlich; der sehr große schaufelförmige mediale Metatarsalhöcker ist länger als die 5. Zehe. Oberseite mit kleinen Warzen besetzt; Unterseite gekörnelt. Oberseite braun mit breitem, gelbbraunem, gezacktem Längsband auf dem Rücken und einem undeutlichen gleichfarbigen Lateralstreifen jederseits. — L. 96 mm.

Südafrika.

2. **B. mossambicus** Ptrs. 1854 *B. m.*, Peters in: Monber. Ak. Berlin, p. 629 1855 *B. m.*, Peters in: Arch. Naturg., *v.* 21 I p. 58 | 1882 *B. m.*, Boulenger, Cat. Batr. sal. Brit. Mus., ed. 2 p. 177 | 1882 *B. m.* + *B. adspersus*, Peters, Reise Mossamb., *v.* 3 p. 76, 77 t. 25 f. 2, 2a, t. 26 f. 11a—c (farbige Habitusbilder, Skeletteile) | 1903 *B. m.* var. *occidentalis*, F. Werner in: Abh. Bayer. Ak., *v.* 22 p. 383 | 1910 *B. m.* + *B. adspersus*, Boulenger in: Ann. S. Afr. Mus., *v.* 5 p. 534.

Fig. 2. **Breviceps mossambicus.**

Vorderkopf stärker vorspringend als bei der vorigen Art, aber immer noch kürzer als der Augendurchmesser (Fig. 2); letzterer 8—10 mal in der gesamten Kopfrumpflänge enthalten; Interorbitalraum etwas breiter als ein oberes Augenlid. Gliedmaßen sehr kurz; 1. Finger deutlich kürzer als der 2., letzterer erheblich länger als der 4. Finger; 5. Zehe viel kürzer als der große, schaufelförmige mediale Metatarsalhöcker; Subarticularhöcker an Fingern und Zehen gut entwickelt. Haut mit zahllosen feinen Drüsenporen versehen oder auch mit ganz flachen Warzen besetzt. Oben schmutzig rostbraun, an den Seiten in gelbbraun übergehend, auf dem Vorderrücken und an den Rumpfseiten mit verstreuten dunklen Flecken, in der Rückenmitte häufig mit mehr oder weniger deutlicher heller Längslinie; vom Auge zieht eine breite. braune oder schwarze Binde schräg nach unten und nach hinten. Unterseite schmutzig weiß, nur unter dem Kopfe mit einem großen braunen oder schwarzen Fleck. — L. 48 mm.

Süd- und Ostafrika.

3. **B. macrops** Blgr. 1907 *B. m.*, Boulenger in: Ann. nat. Hist., ser. 7 *v.* 20 p. 46 f. (Vorder- & Hinterfuß) t. 2.

Kopf verhältnismäßig größer und Rumpf weniger aufgetrieben als bei den vorhergehenden Arten; Durchmesser der viel größeren Augen $6^1/_2$- bis 8mal in der gesamten Kopfrumpflänge enthalten; Interorbitalraum kaum $^1/_2$ so breit wie ein oberes Augenlid. Finger kürzer und dicker als bei den anderen Arten der Gattung; 1. und 2. Finger gleich lang, doppelt so lang wie der 4., aber etwas kürzer als der 3. Finger, letzterer nicht länger als das Auge (Fig. 3); Zehen äußerst kurz, von der 1.—4. an Länge zunehmend; 4. Zehe nicht länger als der 3. Finger; 5. Zehe so lang wie die 2. Zehe (Fig. 4); Subarticularhöcker der Finger sehr klein und sehr wenig vorspringend, die der Zehen völlig fehlend; 2 große, schwach vorspringende Metatarsalhöcker vorhanden, von denen der mediale länger ist als sein Abstand vom Ende der 1. Zehe. Rumpf oben mit kleinen, glatten Warzen besetzt, Beine und Unterseite glatt. Oben hellsandfarbig, dunkelbraun gefleckt und marmoriert; ein schmaler. gerader, dunkler Querstreifen vorne, ein breiter, winkliger oder bogenförmiger dunkler Querstreifen hinten zwischen den Augenlidern; Oberlippe, Gliedmaßen und Unterseite weiß. — L. 48 mm.

Fig. 3. Fig. 4.
Breviceps macrops.
Fig. 3 Vorderfuß, Fig. 4 Hinterfuß von der Ventralseite (nach Boulenger).

Südafrika.

4. **B. macrodactylus** nom. nov. Nieden 1896 *B. verrucosus* (non Rapp 1842), Tornier, Kriechtb. D.-O.-Afr., p. 160 | 1910 *B. v.*, Nieden in: SB. Ges. Fr. Berlin, p. 449 | 1915 *B. v.*, Nieden in: Mt. Mus. Berlin, *v.* 7 p. 380.

Vorderkopf stumpf dreieckig, kürzer als der horizontale Augendurchmesser, der 8—9mal in der gesamten Kopfrumpflänge enthalten ist; Interorbitalraum breiter als ein oberes Augenlid. 2. Finger deutlich länger als der 1. Finger und sehr wenig länger als der 4.; 5. Zehe gut ausgebildet, so lang wie oder länger als der ovale, flache mediale Metatarsalhöcker, der selbst etwa ebensolang ist wie sein Abstand von der Spitze der 1. Zehe; Subarticularhöcker an Fingern und Zehen gut ausgebildet. Haut überall fein gekörnelt. Oberseite einfarbig braun oder schwärzlich, Kehle und Brust stets dunkler als die Oberseite, dunkelbraun oder schwarz, übrige Unterseite weißlich oder bräunlich. — L. 55 mm.

Usambara (Ostafrika).

2. Gen. **Didynamipus** L. G. Andersson

1903 *D.*, L. G. Andersson in: Verh. Ges. Wien, *v.* 53 p. 143 | 1905 *D.*, L. G. Andersson in: Ark. Zool., *v.* 2 nr. 20 p. 24 t. 1 f. 3.

Pupille länglich horizontal-oval. Zunge elliptisch, schmal, hinten ganzrandig und frei abhebbar. Gaumenzähne und Gaumenfalten fehlen. Trommelfell unsichtbar. Finger und Zehen ohne Haftscheiben an den Spitzen und ohne Schwimmhaut, die auch zwischen den Metatarsen der 4. und 5. Zehe fehlt. Hinterfuß mit nur 4 Zehen, von denen die 1. und 4. auch noch sehr schwach entwickelt sind (Fig. 6). Coracoide und Praecoracoide gleich stark entwickelt, miteinander parallel laufend; Omosternum fehlt; Sternum ein kleiner Knorpelfortsatz. Querfortsätze des Sacralwirbels dünn und breit.

1 Art in Westafrika.

1. **D. sjöstedti** L. G. Anderss. 1903 *D. s.*, L. G. Andersson in: Verh. Ges. Wien, *v.* 53 p. 143 | 1905 *D. s.*, L. G. Andersson in: Ark. Zool., *v.* 2 nr. 20 p. 24 t. 1 f. 3 a—d (Habitus, Vorder- & Hinterfuß und deren Skelett).

Kopf breit, abgeplattet, dreieckig. Vorderkopf so lang wie der Augendurchmesser, mit scharfem Canthus rostralis. Nasenloch näher bei der Vorderkopfspitze als beim Auge; Interorbitalraum viel breiter als ein oberes Augenlid. Nur je 4 Finger und Zehen vorhanden, von denen der 1. und 4. sehr klein, bei den Zehen nur stummelförmig, sind; 3. Finger doppelt so lang wie der 2. (Fig. 5); 4. Zehe fast 3mal so lang wie die 3., diese ebensovielmal länger als die 2. und 5. Zehe (Fig. 6); Subarticularhöcker undeutlich, ein rundlicher, lateraler Metatarsalhöcker vorhanden. Bei nach vorn an den Körper angelegtem Hinterbein reicht das Tibiotarsalgelenk bis zum Auge. Haut sehr fein chagriniert; über dem After ein dreieckiges Feld mit flachen, warzenartigen Erhebungen. Oberseite gelblichbraun mit kleinen dunkleren Flecken, Unterseite weißlich; ein schwarzer Streifen zieht von der Vorderkopfspitze jederseits unter dem Canthus rostralis zum Auge. — L. 18 mm.

Fig. 5. Fig. 6.
Didynamipus sjöstedti.
Fig. 5 Vorderfuß, Fig. 6 Hinterfuß von der Ventralseite, beide vergrößert (nach Andersson).

Kamerun.

3. Gen. **Callulina** Nieden

1910 *C.*, Nieden in: SB. Ges. Fr. Berlin, p. 449.

Pupille horizontal. Zunge breit elliptisch, ganzrandig, hinten frei abhebbar. Gaumenzähne fehlen. Trommelfell unsichtbar. Finger und Zehen kurz, an den Spitzen deutlich verbreitert, mit etwas verbreiterten knöchernen Endphalangen. Finger und Zehen ohne Schwimmhaut, die auch zwischen den Metatarsen der 4. und 5. Zehe fehlt. Praecoracoide vorhanden, aber schwach entwickelt; Omosternum sehr klein und knorpelig, Sternum eine Knorpelplatte*). Querfortsätze des Sacralwirbels stark verbreitert.

1 Art in Ostafrika.

1. **C. kreffti** Nieden 1910 *C. k.*, Nieden in: SB. Ges. Fr. Berlin, p. 449.

Körper sehr gedrungen. Vorderkopf kurz, dreieckig, mit abgestumpfter Spitze, so lang wie der Augendurchmesser; Nasenloch viel näher bei der

*) l. c. 1910 irrtümlich als fehlend angegeben.

Schnauzenspitze als beim Auge; Interorbitalraum etwa $1\frac{1}{2}$ mal so breit wie ein oberes Augenlid. 1. Finger viel kürzer als der 2.; 4. und 5. Zehe im Bereich ihres 1. Gliedes durch Haut verbunden (Fig. 7); Subarticularhöcker sehr deutlich; 2 breite, flache Metatarsalhöcker vorhanden. Bei nach vorn an den Körper angelegtem Hinterbein reicht das Tibiotarsalgelenk zwischen Schulter und Auge. Haut sehr drüsenreich, überall stark gekörnelt, auf dem Rücken meistens stärker als auf dem Bauch. Oberseite schwärzlich oder braun in verschiedenen Tönungen, häufig mit einzelnen kleinen schwarzen Flecken in der Schultergegend und auf der Rückenmitte. Unterseite weißlich oder gelblich, undeutlich dunkel marmoriert. — L. 41 mm.

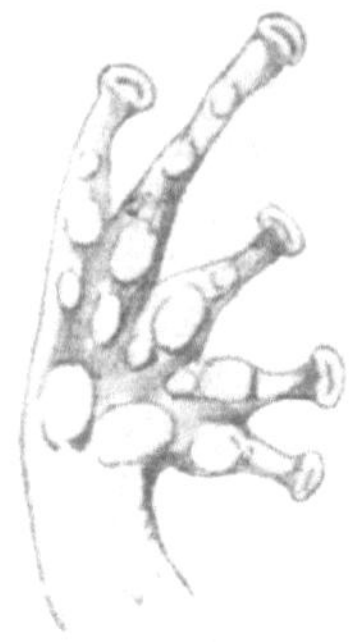

Fig. 7. **Callulina kreffti,** Hinterfuß von der Ventralseite.

Usambara (Ostafrika).

4. Gen. **Rhombophryne** O. Boettger

1880 *R.*, O. Boettger in: Zool. Anz., *v.* 3 p. 567 | 1881 *R.*, O. Boettger in: Abh. Senckenb. Ges., *v.* 12 p. 494 t. 4 f. 15 | 1882 *R.*, Boulenger, Cat. Batr. sal. Brit. Mus., ed. 2 p. 177 | 1884 *R.*, Boulenger in: Ann. nat. Hist., ser. 5 *v.* 14 p. 388f. (Schultergürtel) | 1885 *R.*, L. Vaillant in: Bull. Soc. philom., ser. 7 *v.* 9 p. 116f. [mala] (Schultergürtel).

Pupille horizontal. Zunge groß, langgestreckt, ganzrandig, nur an den Seiten frei abhebbar, mit einer Längsgrube auf der Oberseite. Gaumenzähne in ununterbrochener V-förmiger Querreihe hinter den Choanen; eine quere Hautfalte zwischen den Tubae Eustachii; Trommelfell unsichtbar. Finger und Zehen ohne Schwimmhaut, die auch zwischen den Metatarsen der 4. und 5. Zehe fehlt; Zehenspitzen schwach verbreitert. Coracoide stark verbreitert, etwas kaudad gerichtet; Praecoracoide äußerst schwach entwickelt; Omosternum fehlt; Sternum eine große Knorpelplatte. Querfortsätze des Sacralwirbels schwach verbreitert. Knöcherne Endphalangen der Finger und Zehen einfach.

1 Art auf Madagaskar.

1. **R. testudo** Boettg. 1880 *R. t.*, O. Boettger in: Zool. Anz., *v.* 3 p. 568 | 1881 *R. t.*, O. Boettger in: Abh. Senckenb. Ges., *v.* 12 p. 496 t. 4 f. 15a—d (Habitus, Mundhöhle, Vorder- & Hinterfuß) | 1882 *R. t.*, Boulenger, Cat. Batr. sal. Brit. Mus.. ed. 2 p. 177.

Körper kurz und breit, im Rücken hoch gewölbt; Gliedmaßen sehr kurz, an der Basis teilweise von der faltigen Körperhaut umschlossen. Kopf sehr kurz und sehr breit; Vorderkopf sehr stumpf, etwas abgestutzt; Mundspalte sehr kurz; Nasenlöcher nahe der Vorderkopfspitze; ihre Entfernung voneinander ist größer als der Durchmesser der auffallend kleinen Augen. Finger sehr kurz, 1. und 2. gleich lang; Zehen mäßig lang; Subarticularhöcker fehlen; an der Basis des 1. Finger bezw. der 1. Zehe ein großer, stumpfer Carpal- bezw. Tarsalhöcker. Rücken mit in mehreren Längsreihen angeordneten, teilweise in Hautfalten übergehenden Drüsenwarzen; spitze dornartige Wärzchen besonders am Vorderkopf und Kinn, aber auch auf den Rumpfseiten, der Bauchmitte und um den After herum; eine Hautfalte zieht vom Vorderkopf oberhalb des Auges und Trommelfells hin zur Schulter. Oberseite rötlich, Warzen und Hautfalten heller; Vorderkopf grau; Zügel- und Schläfengegend schwärzlich, nach oben hin hell gesäumt. Gliedmaßen dunkel quer gebändert;

auf der Hinterseite der Oberschenkel unter einer hellen Zone eine scharf abgesetzte schwärzliche Zone. Unterseite braun, undeutlich weiß marmoriert. — L. 32 mm.

Nossi Bé (Madagaskar).

5. Gen. **Scaphiophryne** Boulenger

1882 *S.*, Boulenger, Cat. Batr. sal. Brit. Mus., ed. 2 p. 472.

Pupille horizontal. Zunge elliptisch, ganzrandig, hinten frei abhebbar. Gaumenzähne fehlen; 2 quere Hautfalten vor dem Schlund vorhanden; Trommelfell unsichtbar. Finger frei, an den Spitzen zu großen, herzförmigen Haftscheiben verbreitert (Fig. 8); Zehen an der Basis durch, nicht zwischen

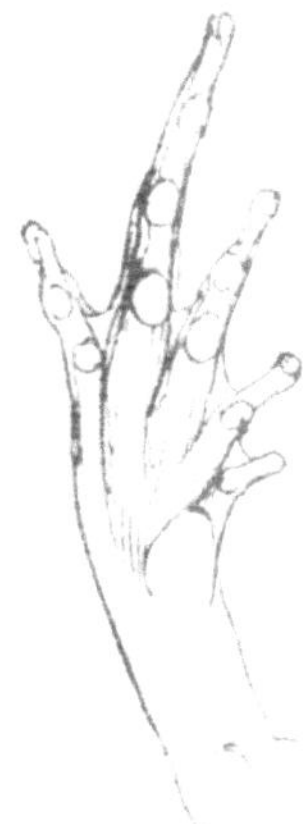

Fig. 8. Fig. 9.
Scaphiophryne marmorata. Fig. 8 Vorderfuß, Fig. 9 Hinterfuß von der Ventralseite, beide etwas vergrößert (nach Steindachner).

die Metatarsen der 4. und 5. Zehe eingreifende, Schwimmhaut verbunden, an den Spitzen nicht verbreitert (Fig. 9); knöcherne Endphalangen der Finger T-förmig, die der Zehen einfach. Praecoracoide vorhanden, aber schwach entwickelt; Omosternum fehlt, Sternum knorpelig. Querfortsätze des Sacralwirbels schwach verbreitert.

1 Art auf Madagaskar.

1. **S. marmorata** Blgr. 1882 *S. m.*, Boulenger, Cat. Batr. sal. Brit. Mus., ed. 2 p. 472 | 1882 *S. spinosa*, Steindachner in: SB. Ak. Wien, *v.* 85 p. 189 t. 2 f. 1—5 (Habitusbilder, Mundhöhle, Zunge, Vorder- & Hinterfuß) | 1883 *S. marmorata*, Boulenger in: Ann. nat. Hist., ser. 5 *v.* 11 p. 17.

Körperform gedrungen. Kopf klein; Vorderkopf sehr kurz, dreieckig, Zügelgegend senkrecht abfallend; Interorbitalraum so breit wie ein oberes Augenlid. 1. Finger kürzer als der 2.; Zehen an der Basis durch kurze Schwimmhaut verbunden; Subarticularhöcker der Zehen deutlicher als die der Finger; ein großer, schaufelförmiger Metatarsalhöcker, sowie ein kleiner Höcker unterhalb des Tibiotarsalgelenks vorhanden. Bei nach vorn an den Körper angelegtem Hinterbein erreicht das Tarsometatarsalgelenk das Auge. Oberseite mit zahllosen, mehr oder weniger dornartigen Warzen besetzt: Bauch und Unterseite der Oberschenkel gekörnelt; eine Hautfalte zieht vom Auge zur Schulter. Oberseite auf grünem Grunde schwarz marmoriert; ein sanduhrförmiger schwarzer Fleck beginnt zwischen den Augen. Gliedmaßen oben mit breiten schwarzen Querbinden; Haftscheiben der Finger oben rosa. Unterseite schwarz, gelb marmoriert. — L. 48 mm.

Madagaskar.

6. Gen. **Pseudohemisus** F. Mocquard

1895 *P.*, F. Mocquard in: Bull. Soc. philom., ser. 8 *v.* 7 p. 109.

Pupille vertikal[?]. Gaumenzähne fehlen. Finger und Zehen schlank, an den Spitzen nicht verbreitert, mit spitzen knöchernen Endphalangen. Praecoracoide schlank, querstehend, Coracoide am medialen Ende stark verbreitert. Querfortsätze des Sacralwirbels stark verbreitert.

1 Art auf Madagaskar.

1. **P. obscurus** (Grandid.) 1872 *Hemisus o.*, Grandidier in: Ann. Sci. nat., ser. 5 *v.* 15 art. 20 p. 11 | 1882 *H. o.*, Boulenger, Cat. Batr. sal. Brit. Mus., ed. 2 p. 178 nota | 1895 *Pseudohemisus o.*, F. Mocquard in: Bull. Soc. philom., ser. 8 *v.* 7 p. 108.

Körperform gedrungen. Kopf klein und spitz, Mundspalte klein. Gliedmaßen kurz; 3. Finger sehr lang; medialer Metatarsalhöcker groß, vorspringend. Bei nach vorn an den Körper angelegtem Hinterbein reicht das Tibiotarsalgelenk bis zum Hinterrand des Auges. Oberseite grünlichbraun mit unregelmäßiger weißer Marmorierung, und einer grauen Querbinde zwischen den Augen. Unterseite grau, auf Unterlippe und Brust fein braun punktiert. — L. 23 mm.

Madagaskar.

7. Gen. **Hemisus** Alb. Günther

1858 *H.*, Alb. Günther, Cat. Batr. sal. Brit. Mus., p. 47 1863 *Kakophrynus*, Steindachner in: SB. Ak. Wien, *v.* 48 p. 191 | 1864 *Hemisus*, Steindachner in: Verh. Ges. Wien, *v.* 14 p. 284 | 1865 *H.*, E. D. Cope in: Nat. Hist. Rev., p. 100 | 1867 *H.*, E. D. Cope in: J. Ac. Philad., ser. 2 *v.* 6 p. 199 | 1882 *H.*, Boulenger, Cat. Batr. sal. Brit. Mus., ed. 2 p. 178 tf. (Schultergürtel) | 1882 *H.*, Peters, Reise Mossamb., *v.* 3 p. 173 t. 26 f. 10a—c (Schädel, Schulter- & Beckengürtel).

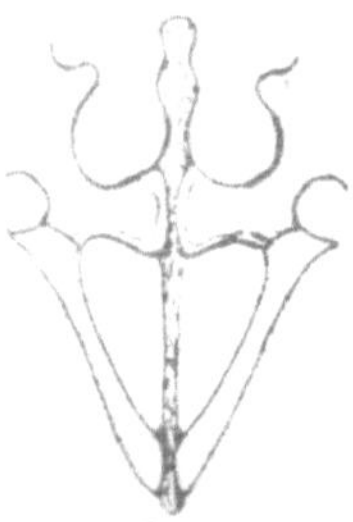

Fig. 10. **Hemisus**, Schultergürtel (nach Boulenger).

Pupille vertikal. Zunge breit, länglich, hinten eingeschnitten und frei abhebbar. Gaumenzähne, Tubae Eustachii und Trommelfell fehlen. Finger- und Zehenenden spitz, mit einfachen knöchernen Endphalangen, Finger frei. Zehen höchstens mit sehr schwacher Schwimmhaut, die nicht zwischen die Metatarsen der 4. und 5. Zehe eingreift. Praecoracoide stark entwickelt, quer stehend. Coracoide lang und schmal, mit ihren medialen, nicht verbreiterten Enden einen spitzen Winkel bildend (Fig. 10): Omosternum knorpelig, Sternum verkümmert. Querfortsätze des Sacralwirbels schwach verbreitert.

2 Arten in Afrika.

Bestimmungstabelle der Arten:

1	Metatarsalhöcker klein, nicht schaufelförmig; Zehen frei; Subarticularhöcker fehlen	1. **H. guttatum**
	Metatarsalhöcker groß, schaufelförmig; Zehen mit einer Spur Schwimmhaut und mit mehr oder weniger deutlichen Subarticularhöckern	2. **H. marmoratum**

1. **H. guttatum** (Rapp) 1842 *Engystoma g.*, Rapp in: Arch. Naturg., *v.* 81 p. 290 t. 6 f. 3, 4 | 1849 *E. guttata*, A. Smith, Ill. Zool. S.-Afr., Rept. App. p. 27 | 1858 *Hemisus guttatum* (part.), Alb. Günther, Cat. Batr. sal. Brit. Mus., p. 47, 137 | 1882 *H. g.*, Boulenger, Cat. Batr. sal. Brit. Mus., ed. 2 p. 178 | 1895 *H. g.*, Bocage, Herpét. Angola, p. 184.

Körperform gedrungen. Kopf klein. Vorderkopf ziemlich spitz, vorspringend, keilförmig; Mundspalte klein; Auge klein, Interorbitalraum breit. Gliedmaßen kurz; Finger und Zehen kurz und spitz, ohne Schwimmhaut. 1. und 2. Finger gleich lang; Subarticularhöcker fehlen; medialer Metatarsalhöcker klein, nicht schaufelförmig vorspringend. Bei nach vorn an den Körper angelegtem Hinterbein reicht das Tarsometatarsalgelenk bis zum Auge. Haut glatt; mit einer Querfalte hinter den Augen. Oben braun mit runden weißen Flecken. — L. 46 mm.

♂ mit subgularer Schallblase.

Südafrika.

2. **H. marmoratum** (Ptrs.) 1854 *Engystoma m.*, Peters in: Monber. Ak. Berlin, p. 628 | 1855 *E. m.*, Peters in: Arch. Naturg., *v.* 21 I p. 58 | 1858 *Hemisus guttatum* (part. = *Engystoma guineense* + *E. vermiculatum* MS.), Alb. Günther, Cat. Batr. sal. Brit. Mus., p. 47, 137 | 1863 *Kakophrynus sudanensis*, Steindachner in: SB. Ak. Wien, *v.* 48 p. 191 t. 1 f. 10—13 (Habitus, Kopf, Mundhöhle, Hinterfuß) | 1864 *Hemisus sudanense*, Steindachner in: Verh. Ges. Wien, *v.* 14 p. 284 | 1865 *H. guineensis*, E. D. Cope in: Nat. Hist. Rev., p. 100 | 1882 *H. sudanense*, Boulenger, Cat. Batr. sal. Brit. Mus., ed. 2 p. 178 | 1882 *H. marmoratus* + *H. taitanus* + *Engystoma vermiculatum*, H. Schlegel (MS.) in: Peters, Reise Mossamb., *v.* 3 p. 173, 175 t. 25 f. 1, a (Habitus, Kopf von der Seite) | 1895 *H. marmoratum*, Bocage, Herpét. Angola, p. 183 t. 18 f. 2, a (Habitus, Kopf von unten) | 1896 *H. sudanense*, Tornier, Kriechth. D.-O.-Afr., p. 160 | 1907 *H. s.* F. Werner in: SB. Ak. Wien, *v.* 116 p. 1920 | 1907 *H. marmoratum*, Bles in: Work J. S. Budgett, p. 451 | 1912 *H. marmoratus*, Nieden in: Ergeb. D. Zentr.-Afr.-Exp., *v.* 5 p. 183 | 1915 *H. m.*, Nieden in: Mt. Mus. Berlin, *v.* 7 p. 381.

Fig. 11. **Hemisus marmoratum.** Vordere Körperhälfte.

Unterscheidet sich von der vorigen Art in folgenden Punkten: Vorderkopf stark zugespitzt (Fig. 11); Zehen mit deutlicher Spur von Schwimmhaut; Subarticularhöcker mehr oder weniger deutlich; Metatarsalhöcker groß, schaufelförmig. Oben bräunlich oder olivenfarbig, schwärzlich marmoriert, zuweilen mit einer hellen Längslinie in der Rückenmitte; Rumpfseiten manchmal weiß gefleckt; Unterseite weißlich. — L. 30 mm.

Das ♀ bedeckt nach Bles (l. c. 1907) die Eier mit seinem Körper, dessen Bauchhaut sich durch starken Blutzufluß rötet und anschwillt; die Larven schlüpfen als weit entwickelte Kaulquappen aus den Eiern.

Tropisches Afrika.

8. Gen. **Cacosternum** Boulenger

1882 *Arthroleptis* (part.), Boulenger, Cat. Batr. sal. Brit. Mus., ed. 2 p. 116 | 1887 *Cacosternum*, Boulenger in: Ann. nat. Hist., ser. 5 *v.* 20 p. 51.

Pupille horizontal. Zunge birnförmig, hinten eingeschnitten und frei abhebbar. Gaumenzähne und Gaumenfalten fehlen; Trommelfell unsichtbar. Finger ohne, Zehen fast ohne Schwimmhaut, die nicht zwischen die Metatarsen der 4. und 5. Zehe eingreift; Finger- und Zehenspitzen nicht verbreitert. Praecoracoide fehlen; Coracoide schlank; Sternum äußerst klein, knorpelig; Querfortsatz des Sacralwirbels stark verbreitert.

1 Art in Süd- und Ostafrika.

1. **C. boettgeri** (Blgr.) 1882 *Arthroleptis b.*, Boulenger, Cat. Batr. sal. Brit. Mus., ed. 2 p. 118 t. 11 f. 6 | 1887 *Cacosternum nanum*, Boulenger in: Ann. nat. Hist., ser. 5 *v.* 20 p. 51 | 1906 *C. boettgeri*, Boulenger in: Ann. nat. Hist., ser. 7 *v.* 17 p. 321 | 1910 *C. namaquense*, F. Werner in: Denk. Ges. Jena, *v.* 16 p. 294 f. 1, 2 | 1910 *C. boettgeri*, Boulenger in: Ann. S. Afr. Mus., *v.* 5 p. 533 | 1911 *C. b.*, L. G. Andersson in: Svenska Ak. Handl., *v.* 47 nr. 6 p. 34.

Körperform *Rana*artig. Kopf mäßig groß: Vorderkopf abgerundet; Interorbitalraum so breit wie oder breiter als ein oberes Augenlid; Finger und Zehen schlank, mit stumpfen Spitzen und starken Subarticularhöckern; 1. Finger kürzer als der 2.; Zehen durch eine Spur Schwimmhaut verbunden; ein großer medialer und ein kleinerer lateraler Metatarsalhöcker vorhanden. Bei nach vorn an den Körper angelegtem Hinterbein reicht das Tibiotarsalgelenk bis zur Schulter. Haut glatt; eine starke Hautfalte zieht vom Auge zur Schulter. Oben olivenfarbig oder graubraun, mit dunklen Flecken, die auf den Gliedmaßen mehr oder weniger deutliche Querbinden bilden; häufig ein dunkler, unten hell gesäumter Schläfenfleck vorhanden. Kehle und Unterseite der Beine grau mit weißem Netzwerk. Bauch weiß mit runden schwarzen Flecken. — L. 25 mm.

Südafrika und Nairobi in Brit. Ostafrika.

9. Gen. **Phrynomantis** Peters

1847 *Brachymerus* (non Dejean 1834), A. Smith, Ill. Zool. S.-Afr., Rept. t. & text 63 (nota) | 1858 *B.*, Alb. Günther, Cat. Batr. sal. Brit. Mus., p. 124 | 1865 *B.*, E. D. Cope in: Nat. Hist. Rev., p. 102 | 1867 *Phrynomantis*, Peters in: Monber. Ak. Berlin, p. 35 | 1867 *P.*, E. D. Cope in: J. Ac. Philad., ser. 2 *v.* 6 p. 192 | 1882 *P.*, Boulenger, Cat. Batr. sal. Brit. Mus., ed. 2 p. 172 | 1882 *P.*, Peters, Reise Mossamb., *v.* 3 p. 172 t. 26 f. 9 (Schulter- & Beckengürtel).

Pupille rundlich*). Zunge groß, länglich, hinten eingeschnitten und frei abhebbar. Gaumenzähne fehlen, eine häutige Querfalte auf dem Gaumen zwischen den Choanen. Trommelfell nicht oder nur schwach sichtbar. Finger und Zehen ohne Schwimmhaut, auch keine solche zwischen den Metatarsen der 4. und 5. Zehe; Finger- und Zehenspitzen mehr oder weniger stark aufgetrieben oder zu deutlichen Haftscheiben verbreitert, mit T-förmigen knöchernen Endphalangen. Praecoracoide und Omosternum fehlen; Sternum knorpelig. Querfortsätze des Sacralwirbels stark verbreitert.

4 Arten in Afrika und 1 im Malayischen Archipel.

Bestimmungstabelle der Arten:

1	Vorderkopf deutlich länger als der Augendurchmesser; Oberseite hell und dunkel gemustert — **2**	
	Vorderkopf kaum so lang wie der Augendurchmesser; Oberseite einfarbig braun	5. **P. fusca**
2	Finger- und Zehenspitzen zu mehr oder weniger deutlichen Haftscheiben verbreitert, medialer Metatarsalhöcker stets deutlich hervortretend — **3**	
	Finger- und Zehenspitzen nicht oder kaum merklich verbreitert — **4**	
3	Metatarsalhöcker sehr klein; Oberseite dunkel mit roter oder gelber Zeichnung (Fig. 12)	1. **P. bifasciata**
	Metatarsalhöcker größer; Oberseite hellgrau mit dunkler Zeichnung	3. **P. annectens**

*) Zuweilen überwiegt der horizontale, seltener der vertikale Durchmesser.

4 { Vorderkopf kaum länger als der Augendurchmesser, kaum vorspringend; Metatarsalhöcker sehr unscharf . . . . 4. **P. affinis**
Vorderkopf $1\frac{1}{2}$ mal so lang wie der Augendurchmesser, stark vorspringend; Metatarsalhöcker schaufelförmig vorspringend 2. **P. nasuta**

1. **P. bifasciata** (A. Smith) 1847 *Brachymerus bifasciatus*, A. Smith, Ill. Zool. S.-Afr., Rept. t. 63 (farbige Habitusbilder, Zunge) | 1858 *B. b.*, Alb. Günther, Cat. Batr. sal. Brit. Mus., p. 124 | 1867 *Phrynomantis bifasciata*, Peters in: Monber. Ak. Berlin, p. 36 | 1875 *P. microps*, Peters in: Monber. Ak. Berlin, p. 210 t. 4 f. 6a (Habitus, Mundhöhle) | 1882 *P. bifasciata* + *P. m.*, Boulenger, Cat. Batr. sal. Brit. Mus., ed. 2 p. 172 | 1882 *P. b.*, Peters, Reise Mossamb., *v.* 3 p. 172 | 1895 *P. b.*, Bocage, Herpét. Angola, p. 181 t. 18 f. 3 | 1896 *P. b.* + *P. microps*, Tornier, Kriechth. D.-O.-Afr., p. 159, 160 | 1901 *P. b.*, Boulenger in: Ann. Mus. Congo, Zool. *v.* 2 t. 2 f. 6a, b (Kopf von der Seite, Vorder- & Hinterfuß) | 1907 *P. microps*, F. Werner in: SB. Ak. Wien, *v.* 116 p. 1906 | 1915 *P. bifasciata*, Nieden in: Mt. Mus. Berlin, *v.* 7 p. 376.

Körperform ziemlich gedrungen. Kopf klein; Vorderkopf abgerundet, länger als der Augendurchmesser; Interorbitalraum breiter als ein oberes Augenlid. Finger mäßig lang; 1. Finger kürzer als der 2.; Zehen kurz; Haftscheiben der Finger groß, die der Zehen kleiner; Subarticularhöcker deutlich; medialer Metatarsalhöcker sehr klein. Bei nach vorn an den Körper angelegtem Hinterbein reicht die Spitze der längsten Zehe bis zum Auge oder zur Vorderkopfspitze. Haut völlig glatt; eine Hautfalte zieht vom Auge zur Schulter. Oberseite dunkelbraun oder schwarz mit wechselnder, heller (im Leben roter oder gelber) Zeichnung, von der eine breite, manchmal in

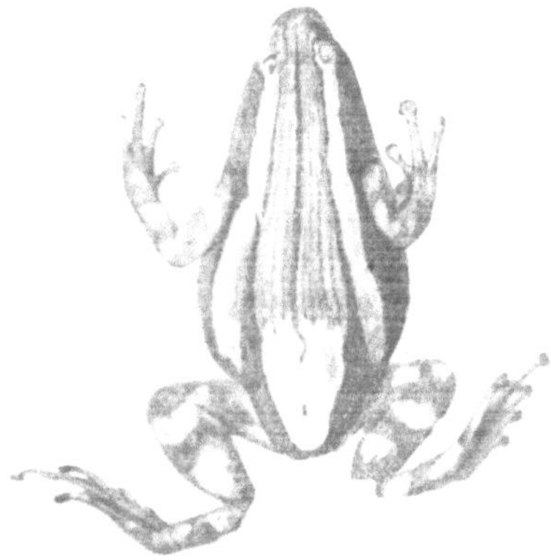

Fig. 12. **Phrynomantis bifasciata** (A. Smith).

einzelne Flecke aufgelöste Längsbinde an den Rumpfseiten sowie ein herzförmiger oder dreieckiger Fleck am Hinterende des Rückens fast stets vorhanden sind; der zwischen diesen 3 hellen Stellen gelegene Teil der Oberseite ist einfarbig dunkel oder zeigt auf dunklem Grunde ein feines Gittermuster leicht gewellter, heller Längslinien (Fig. 12), doch kann auch der ganze Rücken von einer einheitlichen hellen Zone eingenommen sein; vereinzelt kommen auch Exemplare ohne die hellen Seitenstreifen, aber mit großen, runden hellen Flecken auf dem Rücken vor. Gliedmaßen oben mit hellen Flecken oder Querbinden. Unterseite bräunlich mit gelben Flecken. — L. 54 mm.

♂ mit subgularer Schallblase und schwarzer Kehle.

Afrika von Oberguinea und dem Sudan bis zum Kap.

2. **P. nasuta** Meth. & Hewitt 1914 *P. n.*, Methuen & Hewitt in: Ann. Transvaal Mus., *v.* 4 p. 122 t. 14 f. 2.

Körperform gedrungen, Kopf und Rumpf stark abgeplattet. Kopf sehr groß und breit; Vorderkopf spitz abgerundet, deutlich vorspringend, fast $1^1/_2$ mal so lang wie der Augendurchmesser; Interorbitalraum breiter als ein oberes Augenlid; Trommelfell nicht sehr deutlich, etwa $^1/_2$ so breit wie das Auge. 1. Finger viel kürzer als der 2.; Finger frei, an den Spitzen wenig verbreitert; die kurzen, zu $^1/_4$—$^1/_3$ ihrer Länge durch Schwimmhaut verbundenen Zehen an den Spitzen nicht verbreitert; Subarticularhöcker deutlich vorspringend; medialer Metatarsalhöcker mäßig groß, mehr oder weniger schaufelförmig. Bei nach vorn an den Körper angelegtem Hinterbein reicht das Tarsometatarsalgelenk eben über die Achsel, aber nicht über die Schulter hinaus und die Spitze der 4. Zehe reicht halbwegs zwischen Vorderkopfspitze und Auge. Haut glatt; eine Drüsenfalte zieht vom Auge an oberhalb des Trommelfells hin und verliert sich hinter der Schulter; eine deutlich vorspringende Drüsenfalte jederseits in der Coccygealregion dicht über dem After; eine Querfalte auf der Brust zwischen den Schultern. Oben dunkelschokoladenbraun mit rötlicher Zeichnung, unten heller ohne rote Zeichnung. — L. 31 mm.

Große Karras-Berge (Südafrika).

3. **P. annectens** Wern. 1910 *P. a.*, F. Werner in: Denk. Ges. Jena, *v.* 16 p. 294.

Kopf sehr niedergedrückt. Vorderkopf abgerundet, länger als der Augendurchmesser, Interorbitalraum viel breiter als ein oberes Augenlid. Finger und Zehen wie bei P. bifasciata (Fingerspitzen vielleicht etwas weniger verbreitert), medialer Metatarsalhöcker deutlich größer als bei der genannten Art. Bei nach vorn an den Körper angelegtem Hinterbein reicht die Spitze der 4. Zehe bis zum Nasenloch. Haut glatt; eine deutliche Hautfalte vom Auge zur Schulter. Oberseite hellgrau mit schwarzen Flecken auf dem Kopf, einem dunklen Querband zwischen den Vorderbeinen und mit 2 dunklen, hinten zusammenhängenden Flecken in der Coccygealgegend; Schläfengegend dunkel; Hinterbeine hell und dunkel quer gebändert. Unterseite schmutzigweiß, am Bauch dunkel gemustert. — L. 16 mm.

Aar-Rivier (Südafrika).

4. **P. affinis** Blgr. 1901 *P. a.*, Boulenger in: Ann. Mus. Congo, Zool. *v.* 2 p. 6 t. 2 f. 5a—d (Habitus, Kopf, Vorder- & Hinterfuß).

Körperform sehr gedrungen; Gliedmaßen sehr kurz. Vorderkopf abgestutzt, kaum die Mundspalte überragend; Interorbitalraum mehr als doppelt so breit wie ein oberes Augenlid; Trommelfell mäßig deutlich, so groß wie das Auge. Hinter jeder Choane eine quere, elliptische Anschwellung der Mundhöhlenschleimhaut. Finger und Zehen kurz und dick, an den Spitzen kaum verbreitert; Subarticularhöcker wenig vorspringend; medialer Metatarsalhöcker sehr unscharf. Bei nach vorn an den Körper angelegtem Hinterbein reicht die Spitze der 4. Zehe kaum bis zum Vorderrand des Auges. Haut glatt und glänzend; je ein Drüsenwulst in der Coccygealregion und auf der Oberseite eines jeden Unterschenkels. Oberseite schwarz mit karminroten Flecken; Unterseite schmutzig weiß mit brauner Netzzeichnung. — L. 50 mm.

♂ mit gut entwickelter, äußerer, gularer Schallblase und mit schwarzer Kehle.

Kongogebiet.

5. **P. fusca** Ptrs. 1867 *P. f.*, Peters in: Monber. Ak. Berlin, p. 35 | 1878 *P. f.*, Peters & Doria in: Ann. Mus. Genova, *v.* 13 p. 429 | 1882 *P. f.*, Boulenger, Cat. Batr. sal. Brit. Mus., ed. 2 p. 173.

Unterscheidet sich von P. bifasciata in folgenden Punkten: Vorderkopf kurz, kaum so lang wie der Augendurchmesser. 5. Zehe merklich kürzer als die 3. Oberseite einfarbig braun oder schwarzbraun; Unterseite heller, mit unregelmäßigen weißen Linien und kleinen Flecken; Unterarm und Tarsus mit wenig deutlichen Querstreifen. — L. 35 mm.

Inseln Amboina und Batanta im Malayischen Archipel.

10. Gen. **Calophrynus** Tschudi emend.

1838 *Kalophrynus*. Tschudi. Classif. Batr., p. 86 | 1858 *K.*, Alb. Günther, Cat. Batr. sal. Brit. Mus., p. 54 | 1867 *Calophrynus*, E. D. Cope in: J. Ac. Philad., ser. 2 *v.* 6 p. 195 | 1872 *Berdmorea*. Stoliczka in: P. Asiat. Soc. Bengal, p. 146 | 1882 *Calophrynus*, Boulenger, Cat. Batr. sal. Brit. Mus., ed. 2 p. 157, 472 | 1890 *C.*, Boulenger in: Fauna Brit. Ind., Rept. Batr. p. 490 1912 *C.*, Boulenger, Vert. Fauna Malay, Rept. Batr. p. 257.

Pupille horizontal. Zunge elliptisch, birnförmig oder fast kreisrund, ganzrandig, hinten frei abhebbar; eine mehr oder weniger deutliche Querfalte hinter den Choanen. 2 weitere Hautfalten vor dem Schlund; die hinterste Hautfalte stets, die anderen zuweilen gezähnelt (Fig. 13). Trommelfell in der Regel deutlich sichtbar. Finger frei, Zehen durch Schwimmhaut verbunden, die aber nicht zwischen die Metatarsen der 4. und 5. Zehe eingreift; Finger- und Zehenspitzen niemals verbreitert, mit einfachen knöchernen Endphalangen. Praecoracoide vorhanden, aber schwach ausgebildet, mit den breiten Coracoiden parallel laufend; Omosternum und Sternum knorpelig. Querfortsätze des Sacralwirbels mäßig stark verbreitert.

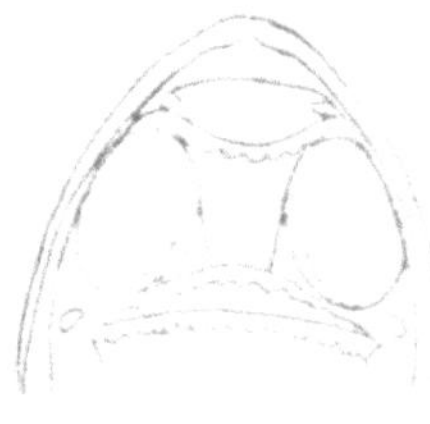

Fig. 13.
Calophrynus pleurostigma, Gaumen (nach Boulenger).

3 Arten auf Madagaskar und 5 in der orientalischen Region.

Bestimmungstabelle der Arten:

1 { 4. Finger so lang wie der 2.; 3. Zehe die 5. nicht überragend; alle Finger und Zehen sehr kurz . . . . . 5. **C. punctatus**
  { 4. Finger kürzer als der 2. Finger — **2**

2 { Bei nach vorn an den Körper angelegtem Hinterbein reicht das Tibiotarsalgelenk:
  { höchstens bis zur Schulter — **3**
  { bis zum Auge — **7**

3 { Vorderkopf abgerundet oder abgestutzt — **4**
  { Vorderkopf stark zugespitzt und zipfelförmig vorgezogen 7. **C. acutirostris**

4 { Subarticularhöcker sehr undeutlich oder an den meisten Zehen überhaupt fehlend — **5**
  { Subarticularhöcker stark vorspringend — **6**

5 { Finger mäßig lang, spitz . . . . 1. **C. madagascariensis**
  { Finger kurz und sehr stumpf . . . . 3. **C. brevis**

6 { Zehen nur an der Basis durch Schwimmhaut verbunden, Tarsalhöcker vorhanden . . . . 2. **C. calcaratus**
  { Zehen zu 1/2 ihrer Länge durch Schwimmhaut verbunden; Tarsalhöcker fehlt . . . . 4. **C. pleurostigma**

7 { Interorbitalraum breiter als ein oberes Augenlid; Trommelfell wenig deutlich; Haut glatt . . . . . 6. **C. heterochirus**
  { Interorbitalraum fast doppelt so breit wie ein oberes Augenlid; Trommelfell sehr deutlich; Haut gekörnelt 8. **C. stellatus**

1. **C. madagascariensis** Blgr. 1882 *C. m.*, Boulenger, Cat. Batr. sal. Brit. Mus., ed. 2 p. 472.

Vorderkopf kurz, abgerundet, mit stumpfem Canthus rostralis und schief abfallender, schwach vertiefter Zügelregion; Interorbitalraum so breit wie ein oberes Augenlid; Trommelfell unsichtbar. Finger und Zehen mäßig lang, spitz; 1. Finger etwas kürzer als der 2.; Zehen zu $^1/_3$ ihrer Länge durch Schwimmhaut verbunden; Subarticularhöcker sehr undeutlich; medialer Metatarsalhöcker groß, schaufelförmig, lateraler Metatarsalhöcker fehlt. Bei nach vorn an den Körper angelegtem Hinterbein reicht das Tarsometatarsalgelenk bis zur Schulter. Haut oben glatt, unten schwach gekörnelt. Oberseite olivenfarbig, mit großen, dunklen, hell gesäumten Inselflecken, die wieder zahlreiche kleine helle Inselflecke umschließen; Unterseite weiß mit verstreuten schwärzlichen Punkten. — L. 55 mm.

Madagaskar.

2. **C. calcaratus** Mocq. 1895 *C. c.*, F. Mocquard in: Bull. Soc. philom., ser. 8 *v.* 7 p. 108 | 1913 *C. c.*, O. Boettger in: Voeltzkow, Reise O.-Afr., *v.* 3 p. 281.

Vorderkopf kurz, hoch, abgerundet, mit stumpfem Canthus rostralis und fast senkrecht abfallender, nicht vertiefter Zügelregion; Interorbitalraum etwas breiter als ein oberes Augenlid; Trommelfell unsichtbar. Die mäßig langen Zehen an der Basis durch Schwimmhaut verbunden, ebenso wie die Finger spitz endigend: 1. Finger kürzer als der 2.; Subarticularhöcker und medialer Metatarsalhöcker stark vorspringend; ein ziemlich großer, flacher Höcker unmittelbar unter jedem Tibiotarsalgelenk; letzteres reicht bei nach vorn an den Körper angelegtem Hinterbein bis zur Schulter. Haut glatt, beim ♂ auf Kopf und Rücken deutlich gekörnelt. Oberseite dunkelbraun, grau marmoriert und mit grauer Querbinde vorn zwischen den Augen; vor jedem Auge ein dreieckiger weißer Fleck; eine weiße Binde zieht vom Auge zum Arm und auf dessen Vorderseite hin. Oberseite der Oberschenkel manchmal dunkel gebändert: Kehle und Brust braun mit weißen Flecken oder weiß mit schwärzlichen Flecken. — L. 23 mm.

Madagaskar.

3. **C. brevis** Blgr. 1896 *C. b.*, Boulenger in: Ann. nat. Hist., ser. 6 *v.* 17 p. 403.

Unterscheidet sich von der vorigen Art durch kürzeren Vorderkopf, kürzere Beine und äußerst kurze und sehr stumpfe Finger. Hinterkopf aufgetrieben; Interorbitalraum so breit wie ein oberes Augenlid. 1. Finger kürzer als der 2., 4. Finger am kürzesten. Fuß nicht länger als der Kopf; 1. Zehe mit 1 Subarticularhöcker, übrige Zehen ohne solche; Metatarsalhöcker viel länger als die 1. Zehe. Bei nach vorn an den Körper angelegtem Hinterbein reicht das Tarsometatarsalgelenk bis zur Schulter. Oberseite hellolivengrau, mit roten und olivenfarbenen Flecken: ein dunkles Λ-Band zwischen den Augen; ein Paar große dunkle Flecke in der Schultergegend. Tarsal- und Metatarsalhöcker gelblichweiß. Unterseite weiß, schwach olivenfarbig punktiert und vermiculiert. — L. 26 mm.

S. W. Madagaskar.

4. **C. pleurostigma** Tsch. 1838 *Kalophrynus p.* = *Bombinator p.*, S. Müller (MS.), Tschudi, Classif. Batr., p. 86 | 1855 *Engystoma? interlineatum*, Blyth in: J. Asiat. Soc. Bengal, *v.* 23 p. 732 nota | 1856 *E. i.*, Blyth, ibid., *v.* 24 p. 720 | 1858 *Kalophrynus pleurostigma*, Alb. Günther, Cat. Batr. sal. Brit. Mus., p. 54 | 1867 *Calophrynus p.* var. *sinensis*, Peters in: Monber. Ak. Berlin, p. 33 | 1871 *Diplopelma interlineatum*, John Anderson in: P. zool. Soc. London, p. 202 | 1872 *Berdmorea interlineata*, Stoliczka in: P. Asiat.

Soc. Bengal, p. 146 | 1873 *Calophrynus pleurostigma*, Alb. Günther in: Zool. Rec., v. 8 Rept. p. 86 | 1882 *C. p.*, Boulenger, Cat. Batr. sal. Brit. Mus., ed. 2 p. 158 | 1890 *C. p.*, Boulenger in: Fauna Brit. Ind., Rept. Batr. p. 420 tf. 134 (Gaumen) | 1904 *Bufo studeri*, Isenschmidt in: Mt. Ges. Bern, Abh. p. 77 t. 5 f. 2 | 1912 *Calophrynus pleurostigma*, Boulenger, Vert. Fauna Malay, Rept. Batr. p. 258 tf. 72 (Gaumen).

Kopf stark abgeplattet; Vorderkopf vorspringend, abgestutzt, mit winkligem Canthus rostralis und senkrecht abfallender Zügelregion; Interorbitalraum breiter als ein oberes Augenlid; Trommelfell fast so groß wie das Auge, zuweilen unter der Haut verborgen. Finger kurz; 1. Finger ebenso wie der 4. kürzer als der 2. Finger; 3. Zehe länger als die 5. Zehe; Zehen zu $^1/_2$ ihrer Länge durch Schwimmhaut verbunden; Finger- und Zehenspitzen schwach aufgetrieben; Subarticularhöcker stark vorspringend; 2 rundliche, mehr oder weniger deutliche Metatarsalhöcker vorhanden. Bei nach vorn an den Körper angelegtem Hinterbein reicht das Tarsometatarsalgelenk bis zur Schulter oder bis zum Auge. Haut auf dem Rücken glatt oder höckerig, sehr dick, reich an Drüsen, am Bauch und unter den Oberschenkeln spärlich gekörnelt; eine mehr oder weniger deutliche Lateralfalte beginnt hinter dem Auge. Oberseite braun oder rötlich, mit oder ohne dunkle, auf dem Kopfe zusammenlaufende längliche Flecke oder Binden; ein dunkler, hell gesäumter, runder Fleck in jeder Weiche. Beine in der Regel dunkel quer gebändert; Oberschenkel an den Seiten zuweilen glänzend karmesinrot; Rumpfseiten, Kehle und Brust dunkelbraun. — L. 47 mm.

♂ mit innerer Schallblase.

Südchina, Hinterindien, Malayischer Archipel.

5. **C. punctatus** Ptrs. 1871 *C. p.*, Peters in Monber. Ak. Berlin, p. 579 | 1872 *C. p.*, Peters in: Ann. Mus. Genova, *v.* 3 p. 43 | 1882 *C. p.*, Boulenger, Cat. Batr. sal. Brit. Mus., ed. 2 p. 158.

Finger und Zehen auffallend kurz; 4. Finger so lang wie der 2.; 3. Zehe die 5. nicht überragend. Dunkelbraun, auf der Oberseite schwarz punktiert. — L. 27 mm.

Sarawak auf Borneo.

6. **C. heterochirus** Blgr. 1900 *C. h.*, Boulenger in: P. zool. Soc. London, p. 186 t. 17 f. 4*).

Zunge groß, birnförmig. Vorderkopf sehr kurz, wenig vorspringend, abgestutzt, mit scharfem Canthus rostralis und fast senkrecht abfallender Zügelregion; Interorbitalraum breiter als ein oberes Augenlid; Trommelfell wenig deutlich, etwa $^2/_3$ so breit wie der Augendurchmesser. 1. und 2. Finger sehr kurz, noch nicht $^1/_2$ so lang wie der 3.; 4. Finger noch kürzer, fast knopfförmig; Zehen kurz, zu $^1/_3$ ihrer Länge durch Schwimmhaut verbunden; 5. Zehe kürzer als die 3.; Finger- und Zehenenden stumpf; Subarticularhöcker und die beiden Metatarsalhöcker schwach vorspringend. Bei nach vorn an den Körper angelegtem Hinterbein reicht das Tibiotarsalgelenk bis zum Auge. Haut glatt. Oberseite einfarbig violettbraun; Kopfseiten und Unterseite gelblichweiß; einige große, runde gelblichweiße Flecke in der Lendengegend und auf der Oberseite der Oberschenkel. — L. 27 mm.

Borneo.

7. **C. acutirostris** Boettg. 1897 *C. a.*, O. Boettger in: Zool. Anz., *v.* 20 p. 165.

Zunge fast kreisförmig, so breit wie lang. Vorderkopf scharf zugespitzt, zipfelförmig vorgezogen. Lateraler Metatarsalhöcker sehr undeutlich. Bei

*) Auf der Tafel irrtümlich als *Calophryne h.* bezeichnet.

nach vorn an den Körper angelegtem Hinterbein reicht das Tarsometatarsalgelenk bis zum Hinterrand des Trommelfells. Haut des Rückens gleichmäßig fein gekörnelt. In allen übrigen Merkmalen mit *C. pleurostigma* (nr. 4) übereinstimmend. Oben graurötlich mit sehr undeutlichen, dunkleren, inselförmig verästelten Flecken; Kopf und Rumpfseiten schwärzlich, oben mit einer feinen weißlichen Längslinie gesäumt; eine weißliche Querlinie in der Aftergegend, aber kein dunkler Weichenfleck vorhanden. Gliedmaßen mit dunklen Querbinden. Unterseite dunkelbraun. — L. 44 mm.

Philippinen.

8. **C. stellatus** Stejn. 1908 *Kalophrynus s.*, Stejneger in: P. U. S. Mus., *v.* 33 p. 575.

Zunge elliptisch. Canthus rostralis abgerundet; Zügelregion senkrecht abfallend; Interorbitalraum fast doppelt so breit wie ein oberes Augenlid; Trommelfell sehr deutlich, ungewöhnlich dicht hinter dem Auge und etwa $^2/_3$ so breit wie dieses. 2. Finger wenig länger als der 1. und viel länger als der sehr kurze 4. Finger; Zehen zu weniger als $^1/_3$ ihrer Länge durch Schwimmhaut verbunden; Subarticularhöcker sehr stark entwickelt, medialer Metatarsalhöcker schwach, elliptisch. Bei nach vorn an den Körper angelegtem Hinterbein reicht das Tibiotarsalgelenk bis zum Auge. Haut gekörnelt (am Hinterbauch und unter den Oberschenkeln nur spärlich), ohne Drüsenwülste an Kopf- und Rumpfseiten. Oberseite blaß ungebrannt umbrafarbig, Flanken dunkler, dicht mit kleinen, hellen Sternchenflecken gesprenkelt, die oberhalb einer von der Zügelregion durch das Auge, oberhalb des Trommelfells und an den Rumpfseiten entlang zur Weiche ziehenden, dunkelbraunen Linie durch ihre große Zahl fast eine zusammenhängende helle Linie bilden; an jeder Seite der Sacralregion ein runder, schwarzer, von einer ähnlichen Linie dicht gedrängter, heller Punkte umgebener Fleck von der Größe des Trommelfells. Unterseite auf hellbraunem Grunde mit unzähligen, winzigen, dunkelbraunen Pünktchen gemustert. Gliedmaßen ohne deutliche Querbinden; Unterseite von Fuß und Metatarsus dunkelbraun. — L. 24 mm.

Philippinen.

11. Gen. **Melanobatrachus** Beddome

1878 *M.*, Beddome in: P. zool. Soc. London, p. 722 | 1882 *M.*, Boulenger, Cat. Batr. sal. Brit. Mus., ed. 2 p. 156 | 1890 *M.*, Boulenger in: Fauna Brit. Ind., Rept. Batr. p. 489.

Pupille vertikal. Zunge elliptisch, ganzrandig, hinten frei abhebbar. Gaumenzähne und Gaumenfalten fehlen. Finger frei, Zehen mit Schwimmhaut, die nicht zwischen die Metatarsen der 4. und 5. Zehe eingreift; Finger- und Zehenspitzen nicht verbreitert, mit einfachen knöchernen Endphalangen. Praecoracoide sehr schwach ausgebildet, mit den Coracoiden fast parallel laufend; Omosternum fehlt; Sternum knorpelig. Querfortsätze des Sacralwirbels mäßig stark verbreitert.

1 Art in Indien.

1. **M. indicus** Beddome 1878 *M. i.*, Beddome in: P. zool. Soc. London, p. 722 | 1882 *M. i.*, Boulenger, Cat. Batr. sal. Brit. Mus., ed. 2 p. 157 | 1890 *M. i.*, Boulenger in: Fauna Brit. Ind., Rept. Batr. p. 489.

Vorderkopf kurz und stumpf, mit ziemlich undeutlichem Canthus rostralis; Interorbitalraum breiter als ein oberes Augenlid. 1. Finger viel kürzer als der 2.; Finger und Zehen kurz und abgeplattet; Zehen zu $^1/_3$

ihrer Länge durch Schwimmhaut verbunden; Subarticular- und Metatarsalhöcker sehr undeutlich. Bei nach vorn an den Körper angelegtem Hinterbein reicht das Tarsometatarsalgelenk bis vor das Auge. Oberseite höckerig, Flanken und Unterseite glatt. Schwarz, die Höcker des Rückens grau; Bauch grau punktiert; ein großer scharlachfarbener Fleck an der Vorder- und Unterseite des Oberschenkels. — L. 31 mm.

♂ mit subgularer Schallblase.

S. W. Indien in 900—1400 m Höhe.

12. Gen. **Cacopus** Alb. Günther

1838 *Systoma* (part.), Tschudi, Classif. Batr., p. 86 | 1841 *Uperodon*, C. Duméril & G. Bibron, Erpét., *v.* 8 p. 746 | 1858 *U.*, Alb. Günther, Cat. Batr. sal. Brit. Mus., p. 48 | 1864 *Cacopus*, Alb. Günther, Rept. Brit. Ind., p. 415 | 1867 *Systoma* (part.), E. D. Cope in: J. Ac. Philad., ser. 2 *v.* 6 p. 193 | 1868 *Pachybatrachus*, W. Keferstein in: Arch. Naturg., *v.* 34 I p. 273 | 1882 *Cacopus*, Boulenger, Cat. Batr. sal. Brit. Mus., ed. 2 p. 173 f. (Schultergürtel) | 1890 *C.*, Boulenger in: Fauna Brit. Ind., Rept. Batr. p. 495 f. (Schultergürtel).

Pupille vertical. Zunge oval, ganzrandig, hinten frei abhebbar. Choanen sehr groß, durch einen beweglichen Hautanhang verschließbar; am Hinterrande einer jeden Choane eine kleine Papille und zwischen ihnen auf der Höhe ihres Hinterrandes 2 dicht beieinanderstehende kleine knöcherne Vorsprünge, die aber keine Gaumenzähne tragen; 1 schmale, gezähnelte Querfalte in der Parasphenoidalregion des Gaumens, eine 2. sehr breite Querfalte vor dem Schlunde. Trommelfell sehr undeutlich oder unsichtbar. Finger frei, Zehen durch Schwimmhaut verbunden, die nicht zwischen die Metatarsen der 4. und 5. Zehe eingreift; Finger- und Zehenspitzen nicht verbreitert, mit einfachen knöchernen Endphalangen. Praecoracoide und Omosternum fehlen; Sternum eine große Knorpelplatte. Querfortsätze des Sacralwirbels ziemlich stark verbreitert.

2 Arten in Indien.

Bestimmungstabelle der Arten:

1	Vorderkopf so lang wie oder nur wenig länger als der Augendurchmesser; Interorbitalraum höchstens doppelt so breit wie ein oberes Augenlid	1. **C. systoma**
	Vorderkopf fast doppelt so lang wie der Augendurchmesser; Interorbitalraum 3 mal so breit wie ein oberes Augenlid	2. **C. globulosus**

1. **C. systoma** (Schneid.) 1799 *Rana s.*, J. G. Schneider, Hist. Amph., *v.* 1 p. 144 | 1802 *R. s.*, G. Shaw, Gen. Zool., *v.* 3 p. 171 | 1820 *Bombinator s.*, Merrem, Versuch Syst. Amph., p. 178 | 1829 *Engystoma marmoratum*, G. Cuvier, Règne an., ed. 2 *v.* 2 p. 112 | 1829/38 *E. m.*, Guérin-Méneville, Iconogr. Règne an., Rept. t. 27 f. 3 | 1838 *Systoma breviceps* (part.) + *S. Leschenaultii*, Tschudi, Classif. Batr., p. 86 | 1841 *Uperodon marmoratum*, C. Duméril & G. Bibron, Erpét., *v.* 8 p. 749 | 1858 *U. m.*, Alb. Günther, Cat. Batr. sal. Brit. Mus., p. 49 | 1863 *Rana systoma*, Peters in: Monber. Ak. Berlin, p. 82 | 1864 *Cacopus s.*, Alb. Günther, Rept. Brit. Ind., p. 415 | 1867 *Systoma marmoratum*, Steindachner in: Reise Novara, Amph. p. 36 | 1867 *S. m.*, E. D. Cope in: J. Ac. Philad., ser. 2 *v.* 6 p. 194 | 1868 *Pachybatrachus Petersii*, W. Keferstein in: Arch. Naturg., *v.* 34 I p. 274 t. 6 f. 8—10 (Habitus, Gaumen, Brustbein) | 1882 *Cacopus systoma*, Boulenger, Cat. Batr. sal. Brit. Mus., ed. 2 p. 174 | 1890 *C. s.*, Boulenger in: Fauna Brit. Ind., Rept. Batr. p. 496 f. 136 | 1904 *C. s.*, Ferguson in: J. Bombay Soc., *v.* 15 p. 507 t. B. f. 2 (Habitusbild und Mund der Larve).

Körperform sehr gedrungen. Kopf klein; Mundspalte klein; Vorderkopf abgerundet, ohne Canthus rostralis, so lang wie oder wenig länger als der Augendurchmesser; Interorbitalraum doppelt oder fast doppelt so breit wie ein oberes Augenlid. Finger mäßig lang, 1. Finger etwas kürzer als der 2.; Zehen ziemlich kurz, an der Basis durch Schwimmhaut verbunden; Subarticularhöcker gewöhnlich ziemlich undeutlich; von den 2 großen, schaufelförmigen Metatarsalhöckern ist der mediale so lang wie die 2. Zehe. Hinterbeine kurz. Haut glatt, oben zuweilen höckerig. Oben olivenfarbig oder rötlichbraun, schwärzlichbraun marmoriert; Unterseite einfarbig weißlich. — L. 63 mm.

Fig. 14.

Fig. 15.

Cacopus systoma. Fig. 14 Larve, Fig. 15 Mund der Larve (nach Ferguson), Fig. 15 stark vergrößert.

♂ mit subgularer Schallblase. Die kugeligen Eier werden in unregelmäßigen Massen abgelegt. Rumpf der Larve (nach Ferguson l. c. 1904) fast 1½ mal so lang wie breit, mehr als ½ so lang wie der Schwanz; Nasenlöcher näher bei den Augen als bei der Vorderkopfspitze; Augen an den Kopfseiten, näher bei der Vorderkopfspitze als beim Spiraculum; ihre Entfernung voneinander ist 5 mal so groß wie die der Nasenlöcher voneinander und 2½ mal so groß wie die Mundbreite; Mund ohne Hornschnabel, Zähnchen und Papillen (Fig. 15). Spiraculum dicht vor dem After in der Mittellinie des Bauches, nach unten und hinten gerichtet. Schwanz scharf zugespitzt, 3½ mal so lang wie hoch; oberer und unterer Flossensaum etwa gleich hoch, beide zusammen höher als der muskulöse Teil des Schwanzes (Fig. 14). Rumpf oben grünlichbraun, an den Seiten heller, weiß gesprenkelt; Schwanz grünlichbraun mit dunkler Zeichnung, Flossen streckenweise weiß gesäumt. Rumpf 10, Schwanz 17 mm lang.

Vorderindien.

2. **C. globulosus** Günther 1864 *C. g.*, Alb. Günther, Rept. Brit. Ind., p. 416 t. 26 f. k. k. (Habitus, Hinterfuß) | 1867 *Systoma globulosum*, E. D. Cope in: J. Ac. Philad., ser. 2 *v.* 6 p. 194 | 1871 *Cacopus globulosus*, John Anderson in: P. zool. Soc. London, p. 201 | 1882 *C. g.*, Boulenger, Cat. Batr. sal. Brit. Mus., ed. 2 p. 175 | 1890 *C. g.*, Boulenger in: Fauna Brit. Ind., Rept. Batr. p. 497 1910 *C. g.*, Pearson in: Spolia Zeyl., *v.* 7 p. 110.

Unterscheidet sich von der vorigen Art in folgenden Punkten: Körperform noch gedrungener, kugelig; Vorderkopf länger, fast doppelt so lang wie der Augendurchmesser, mit deutlichem, wenn auch stumpfem Canthus rostralis; Interorbitalraum 3 mal so breit wie ein oberes Augenlid. Medialer Metatarsalhöcker länger als die 2. Zehe. Braun, einfarbig oder dunkel gefleckt. — L. 76 mm.

Vorderindien.

13. Gen. **Glyphoglossus** Alb. Günther

1868 *G.*, Alb. Günther in: P. zool. Soc. London, p. 483 | 1882 *G.*, Boulenger, Cat. Batr. sal. Brit. Mus., ed. 2 p. 175 | 1890 *G.*, Boulenger in: Fauna Brit. Ind., Rept. Batr. p. 497.

Pupille vertikal. Zunge langgestreckt, vorne und hinten ausgerandet, durch eine tiefe Längsfurche in 2 Hälften geteilt (Fig. 16), hinten weit, vorne nur wenig frei abhebbar; eine Papille in der Mittellinie der hinteren Gaumenhälfte und eine gezähnelte quere Hautfalte vor dem Schlund vorhanden. Trommelfell unsichtbar. Finger frei, Zehen durch Schwimmhaut verbunden, die nicht zwischen die Metatarsen der 4. und 5. Zehe eingreift; Finger- und Zehenspitzen nicht verbreitert, mit einfachen knöchernen Endphalangen. Praecoracoide fehlen; Sternum eine Knorpelplatte. Querfortsätze des Sacralwirbels mäßig stark verbreitert.

Fig. 16. **Glyphoglossus molossus.** Zunge.

1 Art in Hinterindien.

1. **G. molossus** Günther 1868 *G. m.*, Alb. Günther in: P. zool. Soc. London, p. 483 t. 38 f. 1 (Habitus, Kopf, Zunge, Hinterfuß) | 1882 *G. m.*, Boulenger, Cat. Batr. sal. Brit. Mus., ed. 2 p. 175 | 1890 *G. m.*, Boulenger in: Fauna Brit. Ind., Rept. Batr. p. 497.

Kopf sehr kurz, mit aufgewölbtem Hinterkopf; Mundspalte sehr eng, Auge sehr klein; Canthus rostralis fehlt; fleischiger Teil des Unterkiefers aufgetrieben, vorn abgestutzt, eine halbkreisförmige Scheibe bildend (Fig. 17). Gliedmaßen sehr kurz; Finger und Zehen kurz, spitz; 1. und 2. Finger gleich lang, 4. Finger sehr kurz; Zehen völlig durch Schwimmhaut verbunden;

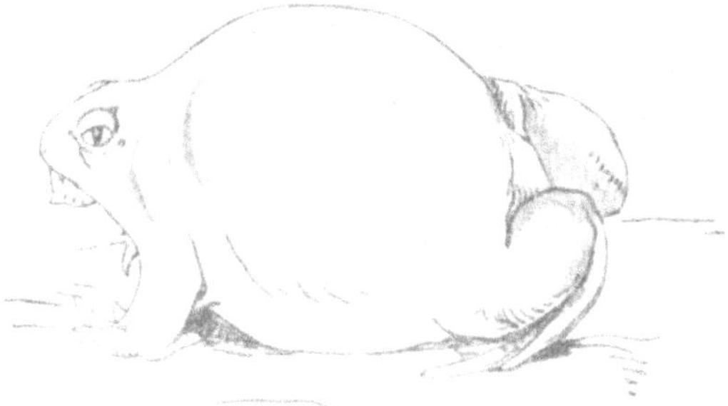

Fig. 17. **Glyphoglossus molossus.** Habitusbild (nach Alb. Günther).

Subarticularhöcker deutlich; medialer Metatarsalhöcker sehr groß, seitlich zusammengedrückt, scharfrandig; lateraler Metatarsalhöcker klein und rundlich. Haut sehr fein gekörnelt, fast glatt. Oben einfarbig, bräunlich olivenfarbig, Seiten und Gliedmaßen fein braun marmoriert; Unterseite einfarbig weißlich. — L. 54 mm.

Irawadi-Delta (Hinterindien).

14. Gen. **Callula** J. E. Gray

1831 *Kaloula*, J. E. Gray, Zool. Misc., p. 38 | 1838 *Hyladactylus*, Tschudi, Classif. Batr., p. 48, 85 | 1841 *H.* + *Plectropus*, C. Duméril & G. Bibron, Erpét., *v.* 8 p. 732, 736 | 1858 *Kaloula*, Alb. Günther, Cat. Batr. sal. Brit. Mus., p. 122 | 1863 *Holonectes* + *Calohyla*, Peters in: Monber. Ak. Berlin, p. 454 | 1864 *Callula*, Alb. Günther, Rept. Brit. Ind., p. 436 | 1867 *C.* (part.), E. D. Cope in: J. Ac. Philad., ser. 2 *v.* 6 p. 192 | 1882 *C.*, Boulenger, Cat. Batr. sal. Brit. Mus., ed. 2 p. 167 | 1890 *C.*, Boulenger in: Fauna Brit. Ind., Rept. Batr. p. 493 | 1908 *Cacopoides*, Barbour in: Bull. Mus. Harvard, *v.* 51 p. 321 | 1912 *Callula*, Boulenger, Vert. Fauna Malay, Rept. Batr. p. 265.

Pupille rundlich*). Zunge länglich, ganzrandig, hinten frei abhebbar. Die Gaumenknochen bilden 2 scharfe, zuweilen bezahnte Querleisten hinter den

*) Zuweilen übertrifft der vertikale Durchmesser den horizontalen an Länge.

Choanen; 2 häutige mehr oder weniger gezähnelte Querfalten vor dem Schlund. Trommelfell unsichtbar. Finger meistens frei, Zehen frei oder durch Schwimmhaut verbunden, die aber nicht zwischen die Metatarsen der 4. und 5. Zehe eingreift; Finger- und Zehenspitzen mehr oder weniger stark verbreitert, mit dreieckigen oder T-förmigen knöchernen Endphalangen. Praecoracoide und Omosternum fehlen: Sternum knorplig. Querfortsätze des Sacralwirbels mäßig stark verbreitert.

11 Arten in Süd- und Ostasien.

Bestimmungstabelle der Arten.

1	Finger völlig frei, Zehen höchstens zu $^1/_2$ ihrer Länge durch Schwimmhaut verbunden oder völlig frei — **2**	
	Finger im Bereich des 1. Gliedes, Zehen bis zur Haftscheibe durch Schwimmhaut verbunden	7. **C. sundana**
2	Zehen zu $^1/_3$—$^1/_2$ ihrer Länge durch Schwimmhaut verbunden — **3**	
	Zehen nur an ihrer Basis durch Schwimmhaut verbunden oder völlig frei von solcher — **6**	
3	Fingerspitzen nur schwach aufgetrieben — **4**	
	Fingerspitzen zu deutlichen Haftscheiben verbreitert — **5**	
4	Bei nach vorn an den Körper angelegtem Hinterbein reicht: das Tarsometatarsalgelenk bis zum Auge; Subarticularhöcker stets gut entwickelt	9. **C. picta**
	das Tibiotarsalgelenk bis zur Schulter oder zwischen Schulter und Auge; Subarticularhöcker der Zehen teilweise schwach entwickelt	11. **C. verrucosa**
5	Lateraler Metatarsalhöcker gut ausgebildet	10. **C. conjuncta**
	Lateraler Metatarsalhöcker winzig klein	2. **C. obscura**
6	Zehen durch eine Spur Schwimmhaut verbunden — **7**	
	Zehen völlig frei	3. **C. triangularis**
7	Metatarsalhöcker, besonders der mediale, gut entwickelt — **8**	
	Metatarsalhöcker kaum vorspringend oder völlig fehlend — **10**	
8	Fingerspitzen deutlich verbreitert, Zehenspitzen nur aufgetrieben — **9**	
	Auch die Zehenspitzen zu deutlichen Haftscheiben verbreitert	8. **C. baleata**
9	Medialer Metatarsalhöcker scharfrandig, so lang wie die 1. Zehe (Fig. 18)	1. **C. pulchra**
	Medialer Metatarsalhöcker stumpf, kürzer als die 1. Zehe .	5. **C. macrodactyla**
10	Metatarsalhöcker klein, aber vorhanden	4. **C. variegata**
	Metatarsalhöcker völlig fehlend	6. **C. frontifasciata**

1. **C. pulchra** (J. E. Gray) 1831 *Kaloula p.*, J. E. Gray, Zool. Misc., p. 38 | 1847 *Hylaedactylus bivittatus*, Cantor in: J. Asiat. Soc. Bengal, *v.* 16 p. 1064 | 1858 *Kaloula pulchra*, Alb. Günther, Cat. Batr. sal. Brit. Mus., p. 123 | 1864 *Callula p.*, Alb. Günther, Rept. Brit. Ind., p. 437 | 1867 *Kaloula p.*, Steindachner in: Reise Novara, Amph. p. 68 | 1870 *Callula p.*, Stoliczka in: J. Asiat. Soc. Bengal, *v.* 39 p. 155 | 1882 *C. p.* (part.), Boulenger, Cat. Batr. sal. Brit. Mus., ed. 2 p. 170 tf. (Vorder- u. Hinterfuß) | 1890 *C. p.*, Boulenger in: Fauna Brit. Ind., Rept. Batr. p. 494 | 1896 *C. p.*, S. Flower in: P. zool. Soc. London, p. 908 | 1899 *C. p.*, S. Flower in: P. zool. Soc. London, p. 906 | 1912 *C. p.*, Boulenger, Vert. Fauna Malay, Rept. Batr. p. 264 f. 73 | 1912 *Kaloula p.*, Barbour in: Mem. Mus. Harvard, *v.* 44 p. 71 t. 7 f. 29.

Vorderkopf kurz, rundlich, so lang wie oder kürzer als der Augendurchmesser: Interorbitalraum breiter als ein oberes Augenlid. 1. Finger kürzer als der 2.; Finger ziemlich schlank, an den Spitzen zu gut entwickelten, abgestutzten Haftscheiben verbreitert; Zehen mäßig lang, an den Spitzen aufgetrieben, mit schwacher Schwimmhaut an ihrer Basis; Subarticularhöcker gut entwickelt; von den 2 Metatarsalhöckern ist der mediale groß, seitlich zusammengedrückt, ziemlich scharfrandig (Fig. 18). Bei nach vorn an den Körper angelegtem Hinterbein reicht das Tarsometatarsalgelenk bis zur Schulter oder etwas über diese hinaus. Haut glatt oder mit flachen, glatten Höckern auf dem Rücken; hinter den Augen eine mehr oder weniger deutliche Querfalte auf dem Hinterkopf; eine Hautfalte zieht vom Auge zur Schulter. Oberseite gelb oder rötlich, in der Regel mit großem, lebhaft dunkelbraunem Fleck fast über den ganzen Rücken und jederseits mit dunklem Lateralstreifen; manchmal auch unregelmäßige gelbe Flecke auf dem Rücken und eine schwache schwarze Längslinie in der Rückenmitte vorhanden. Gliedmaßen grau, dunkelbraun gemustert und mit mehr oder weniger deutlichen gelben Flecken. Unterseite schmutzig lederfarben. — L. 76 mm.

Fig. 18. **Callula pulchra.** Hinterfuß von der Ventralseite (nach Boulenger).

♂ mit äußerer, subgularer Schallblase und schwarzer Kehle. Paarung unter Amplexus axillaris. Larve noch unbekannt.

Vorder- und Hinterindien, Südchina, Malayischer Archipel.

2. **C. obscura** Günther ?1853 *Hylaedactylus montanus*, Jerdon in: J. Asiat. Soc. Bengal, *v.* 22 p. 533 | 1864 *Callula obscura*, Alb. Günther, Rept. Brit. Ind., p. 438 | 1882 *C. o.*, Boulenger, Cat. Batr. sal. Brit. Mus., ed. 2 p. 169 t. 13 f. 3 | 1890 *C. o.*, Boulenger in: Fauna Brit. Ind., Rept. Batr. p. 493 | 1904 *C. o.*, Ferguson in: J. Bombay Soc., *v.* 15 p. 506 t. A. f. 1 (Habitus und Mund der Larve).

Vorderkopf kurz, abgerundet, so lang wie oder etwas länger als der Augendurchmesser; Interorbitalraum breiter als ein oberes Augenlid. Finger und

Fig. 20.

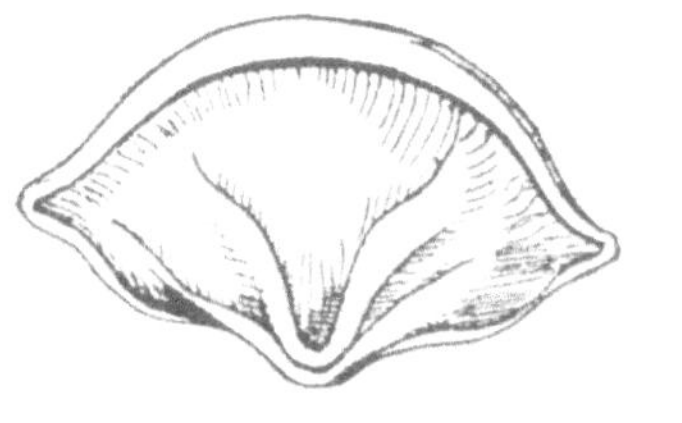

Fig. 19. Fig. 21.

Callula obscura. Fig. 19 Habitusbild; Fig. 20 Larve; Fig. 21 Mund der Larve, stark vergrößert (Fig. 19 nach Boulenger, Fig. 20 & 21 nach Ferguson).

Zehen mäßig lang; Finger an den Spitzen zu gut entwickelten Haftscheiben verbreitert, Zehenspitzen schwach aufgetrieben; 1. Finger kürzer als der 2.; Zehen zu $^1/_3$—$^1/_2$ ihrer Länge durch Schwimmhaut verbunden; Subarticularhöcker deutlich; medialer Metatarsalhöcker oval und stumpf, kaum vorspringend, lateraler Metatarsalhöcker sehr klein, rundlich. Bei nach vorn an den Körper angelegtem Hinterbein reicht das Tarsometatarsalgelenk bis zum Auge oder bis zur Vorderkopfspitze. Haut glatt oder mit einigen flachen Höckern auf Kopf und Rücken; eine Hautfalte vom Auge zur Schulter. Oberseite bräunlich oder graulich mit schwarzen, eckigen Flecken (Fig. 19), manchmal auch einfarbig schwärzlichbraun; Unterseite schwärzlichbraun, weiß gefleckt. — L. 31 mm.

♂ mit subgularer Schallblase. Fortpflanzungszeit im Juli. Rumpf der Larve $1^1/_2$ mal so lang wie breit, mehr als $^1/_2$ so lang wie der Schwanz. Nasenlöcher undeutlich, näher bei den Augen als bei der Vorderkopfspitze, Augen näher bei dieser als beim Spiraculum; Abstand der Augen voneinander mehr als 4 mal so groß wie der zwischen den Nasenlöchern und mehr als doppelt so groß wie die Mundbreite. Mund ohne Schnabel, Zähnchen und Papillen (Fig. 21); Unterlippe mehr oder weniger kontraktil. Spiraculum in der Mittellinie des Bauches, nach hinten und unten gerichtet, näher bei dem ebenfalls in der Mittellinie des Bauches gelegenen After als bei der Vorderkopfspitze. Schwanz mehr als doppelt so lang wie hoch, stumpf zugespitzt (Fig. 20), oberer und unterer Flossensaum etwa gleich hoch, beide zusammen machen mehr als die Hälfte der Schwanzhöhe aus. Rumpf oben grünlichbraun, dunkelbraun gesprenkelt, an den Seiten und unten heller, ungefleckt; Schwanz rötlich mit braunen Flecken; Flossensäume durchsichtig. Rumpf 18 mm lang, 12 mm breit, Schwanz 27 mm lang, 9 mm hoch.

Vorderindien.

3. **C. triangularis** Günther 1875 *C. t.*, Alb. Günther in: P. zool. Soc. London, p. 576 | 1882 *C. t.*, Boulenger, Cat. Batr. sal. Brit. Mus., ed. 2 p. 171 t. 13 f. 4 | 1890 *C. t.*, Boulenger in: Fauna Brit. Ind., Rept. Batr. p. 495.

Vorderkopf kurz, stumpf, so lang wie der Augendurchmesser; Interorbitalraum breiter als ein oberes Augenlid. Finger und Zehen mäßig lang, erstere an den Spitzen zu kleinen, abgestutzten Haftscheiben, Zehenspitzen nicht verbreitert; Zehen völlig frei von Schwimmhaut; Subarticularhöcker gut entwickelt; von den 2 kleinen Metatarsalhöckern ist der größere mediale oval und stumpf. Bei nach vorn an den Körper angelegtem Hinterbein reicht das Tarsometatarsalgelenk bis zur Schulter oder bis halbwegs zwischen Schulter und Auge. Haut glatt oder mit einigen flachen Höckern auf dem Rücken; eine Querfalte hinter den Augen auf dem Hinterkopf; eine Hautfalte vom Auge zur Schulter. Oberseite olivenfarbig, mit großem, dreieckigem, fast die ganze Rückenlänge einnehmendem, schwarzem Fleck; Seiten und Unterseite schwärzlichbraun, letztere weiß gefleckt. Gliedmaßen schwärzlichbraun, mit großen hellolivenfarbenen Flecken. — L. 37 mm.

♂ mit subgularer Schallblase.

Vorderindien.

4. **C. variegata** Stol. 1872 *C. v.*, Stoliczka in: P. Asiat. Soc. Bengal, p. 111 | 1875 *C. olivacea*, Alb. Günther in: P. zool. Soc. London, p. 576 t. 64 f. B | 1879 *C. variegata*, W. Blanford in: J. Asiat. Soc. Bengal, *v.* 48 p. 116 | 1882 *C. olivacea*, Boulenger, Cat. Batr. sal. Brit. Mus., ed. 2 p. 171 | 1890 *C. variegata*, Boulenger in: Fauna Brit. Ind., Rept. Batr. p. 494.

Vorderkopf kurz, stumpf vorspringend, so lang wie der Augendurchmesser; Interorbitalraum breiter als ein oberes Augenlid. Finger ziemlich schlank, an den Spitzen zu abgestutzten Haftscheiben verbreitert; die mäßig langen Zehen durch eine Spur von Schwimmhaut verbunden, an den Spitzen nicht verbreitert; von den 2 kleinen, kaum vorspringenden Metatarsalhöckern ist der mediale langgestreckt. Bei nach vorn an den Körper angelegtem Hinterbein reicht das Tarsometatarsalgelenk kaum bis zum Hinterrand des

Auges. Haut fast glatt; eine Hautfalte zieht vom Auge zur Schulter. Oben olivenfarbig, dunkelbraun marmoriert; Bauch einfarbig weißlich. — L. 33 mm.

♂ mit subgularer Schallblase.

Vorderindien.

5. **C. macrodactyla** Blgr. 1887 *C. m.*, Boulenger in: Ann Mus. Genova, ser. 2 *v.* 5 p. 485 t. 8 f. 3 | 1890 *C. m.*, Boulenger in: Fauna Brit. Ind., Rept. Batr. p. 494.

Vorderkopf kurz, abgestutzt, so lang wie der Augendurchmesser; Interorbitalraum etwas breiter als ein oberes Augenlid. Finger sehr lang (die Länge der Hand ist gleich der Entfernung vom Arm bis zur Vorderkopfspitze), an den Spitzen zu gut entwickelten, abgestutzten Haftscheiben verbreitert; 1. Finger viel kürzer als der 2.; Zehen mäßig lang, durch eine schwache Spur von Schwimmhaut verbunden, an den Spitzen nur aufgetrieben; medialer Metatarsalhöcker groß, seitlich zusammengedrückt, stumpf vorspringend, kürzer als die 1. Zehe. Bei nach vorn an den Körper angelegtem Hinterbein reicht das Tarsometatarsalgelenk bis zum Auge. Haut glatt. Oberseite grau, mit großem, vorn bis zu den Augen reichendem, flaschenförmigem, schwarzem Fleck auf dem Rücken; Seiten schwärzlich; je ein weißer Fleck auf dem Arm und auf der Ober- und Vorderseite des Oberschenkels; Unterseite schmutzig weiß, dunkelbraun marmoriert. — L. 22 mm.

Tenasserim (Hinterindien).

6. **C. frontifasciata** Horst 1883 *C. f.*, Horst in: Not. Leyden Mus., *v.* 5 p. 243.

Kopf abgeplattet, fast so breit wie lang; Vorderkopf stumpf dreieckig, so lang wie der Augendurchmesser; Interorbitalraum viel breiter als ein oberes Augenlid. 1. Finger etwa $^1/_2$ so lang wie der 2.; Finger- und Zehenspitzen zu queren Haftscheiben verbreitert; Zehen kurz, an der Basis durch Schwimmhaut verbunden; Metatarsalhöcker fehlen. Bei nach vorn an den Körper angelegtem Hinterbein reicht das Tibiotarsalgelenk bis zum Trommelfell oder bis zum Hinterrand des Auges. Haut glatt oder mit verstreuten kleinen Warzen, Bauch gekörnelt. Oberseite grau, dunkelbraun gemustert, mit einer hellen Querbinde zwischen den Augen, oft auch mit weißem Längsstreifen vom Auge aus an den Rückenseiten entlang; ein weißer Fleck in der Weiche und eine weiße Querbinde auf dem Unterschenkel; Finger- und Zehenspitzen mit weißer Querbinde. Unterseite gelblich, braun marmoriert. — L. 25 mm.

Malayischer Archipel.

7. **C. sundana** (Ptrs.) 1867 *Calohyla s.*, Peters in: Monber. Ak. Berlin, p. 35 | 1882 *Nectophryne? s.*, Boulenger, Cat. Batr. sal. Brit. Mus., ed. 2 p. 281 | 1910 *Callula s.*, J. Roux in: Zool. Anz., *v.* 35 p. 716.

Vorderkopf etwa dreieckig, an der Spitze abgerundet, etwas länger als der Augendurchmesser; Interorbitalraum doppelt so breit wie ein oberes Augenlid. 1. Finger etwas kürzer als der 2.; Finger abgeflacht, im Bereiche des 1. Gliedes durch deutliche Schwimmhaut verbunden; außer den gut entwickelten Subarticularhöckern sind zwei rundliche Carpalhöcker vorhanden; Zehen ebenfalls abgeflacht; Schwimmhaut (außer an der 4. Zehe) bis zu den zu kleinen, aber deutlichen Haftscheiben verbreiterten Zehenspitzen reichend; Subarticularhöcker flach, aber deutlich erkennbar; medialer Metatarsalhöcker kaum hervortretend, langgestreckt, sehr flach. Bei nach vorn an den Körper angelegtem Hinterbein reicht das Tibiotarsalgelenk bis zum Trommelfell. Oberseite fast glatt oder mit kleinen, wenig vorspringenden Warzen besetzt;

eine gebogene Hautfalte zieht vom Auge zur Schulter; Bauch gekörnelt. Einfarbig braun, oben undeutlich schwarz, unten weißgefleckt. — L. 23 mm.

Borneo.

8. **C. baleata** (S. Müll.) 1836 *Bombinator baleatus*. S. Müller in: Verh. Batav. Genoot., p. 96 | 1838 *Hyladactylus b.*, Tschudi, Classif. Batr., p. 85 | 1841 *H. b.*, C. Duméril & G. Bibron, Erpét., *v.* 8 p. 734 | ? 1858 *Bombinator balteatus* [err. pro *baleatus*], H. Schlegel, Handl. Dierk., *v.* 2 p. 58 t. 4 f. 75 | 1858 *Kaloula baleata* + var. *Hylaedactylus celebensis*, Alb. Günther, Cat. Batr. sal. Brit. Mus., p. 122 | 1867 *K. b.*, Steindachner in: Reise Novara, Amph. p. 68 | 1867 *Callula b.*, E. D. Cope in: J. Ac. Philad., ser. 2 *v.* 6 p. 192 | 1882 *C. b.*, Boulenger, Cat. Batr. sal. Brit. Mus., ed. 2 p. 169 f. (Vorder- u. Hinterfuß) | 1912 *Kaloula b.*, Barbour in: Mem. Mus. Harvard, *v.* 44 p. 72.

Vorderkopf kurz, abgerundet, so lang wie der Augendurchmesser; Interorbitalraum breiter als ein oberes Augenlid. Finger mäßig lang, an den Spitzen stark verbreitert und abgestutzt; 1. Finger kürzer als der 2.; Zehen ziemlich kurz, an der Basis durch Schwimmhaut verbunden, an den Spitzen zu kleinen Haftscheiben verbreitert; Subarticularhöcker deutlich; von den 2 ovalen Metatarsalhöckern ist der mediale groß, seitlich zusammengedrückt, stumpfrandig. Bei nach vorn an den Körper angelegtem Hinterbein reicht das Tarsometatarsalgelenk zwischen Schulter und Auge. Haut glatt oder mit kleinen flachen Warzen auf der Oberseite; eine mehr oder weniger deutliche Querfalte auf dem Hinterkopf und eine Hautfalte vom Auge zur Schulter vorhanden. Oberseite braun, olivenfarbig oder schwärzlich, einfarbig oder dunkel gemustert, oft mit großen weißen Flecken in den Armgruben, in den Weichen und auf den Beinen; Unterseite braun, weiß gemustert. — L. 53 mm.

♂ mit subgularer Schallblase.

Malayischer Archipel und Philippinen.

9. **C. picta** (Bibr.) 1841 *Plectropus pictus*, C. Duméril & G. Bibron, Erpét., *v.* 8 p. 737 | 1842 *P. p.*, G. Bibron in: Voy. Bonite, *v.* 1 p. 152 t. 9 f. 3, 4, B. (Habitusbilder, Zunge) | 1858 *Kaloula picta*, Alb. Günther, Cat. Batr. sal. Brit. Mus., p. 123 | 1863 *Plectropus pictus*, Peters in: Monber. Ak. Berlin, p. 455 | 1864 *Callula picta*, Alb. Günther, Rept. Brit. Ind., p. 436 | 1882 *C. p.*, Boulenger, Cat. Batr. sal. Brit. Mus., ed. 2 p. 168 f. (Hinterfuß).

Vorderkopf kurz, stumpf, etwas länger als der Augendurchmesser; Interorbitalraum so breit wie ein oberes Augenlid. Finger schlank, mit schwach aufgetriebenen Spitzen; 1. Finger etwas kürzer als der 2.; Zehen mäßig lang, fast zu $^1/_2$ ihrer Länge durch Schwimmhaut verbunden, mit schwach aufgetriebenen Spitzen; 5. Zehe viel kürzer als die 3.; Subarticularhöcker gut entwickelt; von den 2 ovalen, seitlich zusammengedrückten Metatarsalhöckern ist der mediale sehr groß. Bei nach vorn an den Körper angelegtem Hinterbein reicht das Tarsometatarsalgelenk bis zum Auge. Oberseite mit kleinen, verstreuten, glatten Höckern besetzt; eine Hautfalte zieht vom Auge zur Schulter. Oben olivenfarbig mit großen dunklen Flecken, die in der Rückenmitte zusammenfließen; Kopf- und Rumpfseiten dunkel; Unterseite grau oder braun gesprenkelt. — L. 101 mm.

♂ mit subgularer Schallblase und schwarzer Kehle.

Philippinen.

10. **C. conjuncta** (Ptrs.) 1863 *Hylaedactylus (Holonectes) conjunctus*, Peters in: Monber. Ak. Berlin., p. 455 | 1864 *H. (H.) c.* = *Hylophryne cumingii* Fitzinger (MS.), Steindachner in: Verh. Ges. Wien, *v.* 14 p. 256 t. 11 f. 5a—d (Habitus, Gaumen, Zunge, Vorder- u. Hinterfuß) | 1867 *Callula conjuncta*, E. D. Cope in: J. Ac. Philad., ser. 2 *v.* 6 p. 192 | 1882 *C. c.*, Boulenger, Cat. Batr. sal. Brit. Mus., ed. 2 p. 168.

Vorderkopf kurz, stumpf, so lang wie der Augendurchmesser: Interorbitalraum breiter als ein oberes Augenlid. Finger und Zehen mäßig lang, erstere an den Spitzen zu großen, abgestutzten Haftscheiben. Zehenspitzen zu kleinen Haftscheiben verbreitert; 1. Finger kürzer als der 2.; Zehen zu $^1/_2$ ihrer Länge durch Schwimmhaut verbunden; Subarticularhöcker deutlich; von den 2 Metatarsalhöckern ist der mediale mäßig groß, stumpf. Bei nach vorn an den Körper angelegtem Hinterbein reicht das Tarsometatarsalgelenk bis zum Auge oder etwas über dieses hinaus. Haut glatt oder mit wenigen undeutlichen Höckern auf dem Rücken und mit einer mehr oder weniger deutlichen Querfalte auf dem Hinterkopf hinter den Augen. Oben olivenfarbig, mit einem großen dunklen Fleck auf dem Rücken: Kopf- und Rumpfseiten dunkel. Unterseite undeutlich marmoriert. — L. 38 mm.

♂ mit subgularer Schallblase.

Philippinen.

11. **C. verrucosa** Blgr. 1904 *C. v.*, Boulenger in: Ann. nat. Hist., ser. 7 *v.* 13 p. 131 | 1906 *C. v.*, Wolterstorff in: Zool. Anz., *v.* 30 p. 554 | 1906 *C. v.*, Wolterstorff in: Abh. Mus. Magdeburg, *v.* 1 p. 145 t. 1 f. 1, 2 | 1908 *Cacopoides borealis*, Barbour in: Bull. Mus. Harvard, *v.* 51 p. 321 f. 2,3 (Sternum, Mundhöhle) | 1913 *Callula tornieri*, T. Vogt in: SB. Ges. Fr. Berlin, p. 219.

Vorderkopf abgerundet, so lang wie oder etwas länger als der Augendurchmesser; Interorbitalraum so breit wie ein oberes Augenlid. 1. Finger etwas kürzer als der 2.; Finger schlank, an den Spitzen schwach oder kaum merklich aufgetrieben; Zehen mäßig lang, zu $^1/_3$—$^1/_2$ ihrer Länge durch Schwimmhaut verbunden, an den Spitzen stumpf, nicht aufgetrieben; 5. Zehe beträchtlich kürzer als die 3.; Subarticularhöcker an den Fingern gut, an den Zehen teilweise schwach entwickelt; medialer Metatarsalhöcker sehr groß, seitlich zusammengedrückt, scharfrandig, fast an den ebenfalls kräftig entwickelten lateralen Höcker anstoßend. Bei nach vorn an den Körper angelegtem Hinterbein reicht das Tibiotarsalgelenk bis zur Schulter oder zwischen Schulter und Auge. Oberseite glatt oder mit großen flachen Warzen besetzt: eine mehr oder weniger deutliche Hautfalte zieht vom Auge zur Schulter, oft auch eine Hautfalte quer über den Hinterkopf. Oberseite braun in verschiedenen Tönungen, einfarbig oder mit kleineren oder größeren, manchmal in Längsreihen angeordneten Flecken. Flanken schmutzig gelb, bräunlich gesprenkelt. Unterkieferrand auf bräunlichem Grunde gelblichweiß gesprenkelt; Bauch einfarbig schmutzig weiß. — L. 46 mm.

♂ mit innerer Schallblase und schwarzer Kehle.

China, Korea.

15. Gen. **Microhyla** Tschudi

1827 *Hylaplesia* (part.), Boie in: Schlegel in: Isis, *v.* 20 p. 294 | 1838 *Microhyla*, Tschudi, Classif. Batr., p. 71 | 1841 *M.* + *Engystoma* (part.), C. Duméril & G. Bibron, Erpét., *v.* 8 p. 613, 738 | 1843 *Hylaplesia* + *Siphneus* (non Brants 1827). Fitzinger. Syst. Rept., p. 31, 33 | 1848 *Dendromanes*, Gistel, Naturg. Thierr., p. XI | 1858 *Diplopelma* + *Micrhyla*, Alb. Günther, Cat. Batr. sal. Brit. Mus., p. 50, 121 | 1860 *Scaptophryne*, Fitzinger in: SB. Ak. Wien, *v.* 42 p. 416 | 1867 *Callula* (part.) + *Microhyla* + *Engystoma* (part.), E. D. Cope in: J. Ac. Philad., ser. 2 *v.* 6 p. 192, 193. 194 | 1872 *Ranina* (non Lamarck 1801), David in: N. Arch. Mus. Paris, *v.* 7 Bull. p. 76 | 1882 *Microhyla*, Boulenger, Cat. Batr. sal. Brit. Mus., ed. 2 p. 163 | 1890 *M.*, Boulenger in: Fauna Brit. Ind., Rept. Batr. p. 491 | 1907 *M.*, Stejneger in: Bull. U. S. Mus., *v.* 58 p. 87 | 1912 *M.*, Boulenger, Vert. Fauna Malay, Rept. Batr. p. 258.

Pupille rund. Zunge elliptisch, ganzrandig, hinten frei abhebbar. Gaumenzähne fehlen; 1 oder 2 Gaumenfalten vor dem Schlund vorhanden. Trommelfell unsichtbar. Finger frei, Zehen frei oder durch Schwimmhaut verbunden, die nicht zwischen die Metatarsen der 4. und 5. Zehe eingreift; Finger- und Zehenenden spitz oder mehr oder weniger stark verbreitert, mit einfachen knöchernen Endphalangen. Praecoracoide und Omosternum fehlen; Sternum knorpelig. Querfortsätze des Sacralwirbels mäßig stark verbreitert.

18 Arten in Süd- und Ostasien.

Bestimmungstabelle der Arten.

1	Zehen frei oder nur an der Basis durch Schwimmhaut verbunden — **2**	
	Zehen mindestens zu 1/3 ihrer Länge durch Schwimmhaut verbunden — **12**	
2	2 Metatarsalhöcker vorhanden — **3**	
	Nur der mediale Metatarsalhöcker vorhanden — **9**	
3	Bei nach vorn an den Körper angelegtem Hinterbein reicht das Tibiotarsalgelenk:	
	niemals über das Auge hinaus — **4**	
	mindestens bis zur Vorderkopfspitze	8. **M. achatina**
4	Finger- und Zehenspitzen zu deutlichen, wenn auch manchmal sehr kleinen Haftscheiben verbreitert — **5**	
	Finger- und Zehenenden spitz — **7**	
5	Interorbitalraum doppelt so breit wie ein oberes Augenlid; Rückenmitte mit kleinem, rundem, tiefschwarzem Fleck	17. **M. heymonsi**
	Interorbitalraum weniger als doppelt so breit wie ein oberes Augenlid; Rücken mit symmetrischer, dunkler Zeichnung — **6**	
6	Zehenspitzen nur aufgetrieben oder sehr schwach verbreitert	2. **M. ornata**
	Zehenspitzen zu kleinen, aber sehr deutlichen Haftscheiben verbreitert	5. **M. butleri**
7	Vorderkopf länger als der Augendurchmesser — **8**	
	Vorderkopf kürzer als der Augendurchmesser	3. **M. picta**
8	Zehen völlig frei	15. **M. fissipes**
	Zehen mit schwacher Schwimmhaut	18. **M. okinavensis**
9	Finger- und Zehenspitzen zu deutlichen Haftscheiben verbreitert — **10**	
	Finger und Zehen spitz endigend — **11**	
10	Zehen völlig frei	10. **M. inornata**
	Zehen mit schwacher Schwimmhaut	7. **M. leucostigma**
11	Haut völlig glatt	16. **M. stejnegeri**
	Haut unten und an den Seiten gekörnelt	12. **M. bungurana**
12	Bei nach vorn an den Körper angelegtem Hinterbein reicht das Tibiotarsalgelenk:	
	niemals bis zum Auge	1. **M. rubra**
	weit über das Auge, meistens auch über die Vorderkopfspitze hinaus — **13**	
13	Nur der mediale Metatarsalhöcker vorhanden	6. **M. annectens**
	2 Metatarsalhöcker vorhanden — **14**	
14	Zehen bis zur Spitze durch Schwimmhaut verbunden . .	9. **M. berdmorii**
	Mindestens die beiden letzten Glieder der 3. Zehe und das letzte Glied der 2. Zehe bleiben frei von Schwimmhaut — **15**	
15	Finger- und Zehenspitzen oder wenigstens die letzteren deutlich verbreitert— **16**	
	Finger- und Zehenspitzen nicht verbreitert — **17**	

16 Fingerspitzen nur aufgetrieben. Zehenspitzen zu kleinen Haftscheiben verbreitert; Interorbitalraum etwas breiter als ein oberes Augenlid . . . . 11. **M. palmipes**
Finger- und Zehenspitzen etwas verbreitert; Interorbitalraum doppelt so breit wie ein oberes Augenlid . . . 14. **M. boulengeri**

17 Körperform gedrungen . . . . 13. **M. hainanensis**
Körperform schlank . . . . 4. **M. pulchra**

1. **M. rubra** (Jerd.) 1853 *Engystoma rubrum*, Jerdon in: J. Asiat. Soc. Bengal, *v.* 22 p. 534 | 1858 *Diplopelma ornatum* (part.), Alb. Günther, Cat. Batr. sal. Brit. Mus., p. 50 | 1882 *Microhyla rubra*, Boulenger, Cat. Batr. sal. Brit. Mus., ed. 2 p. 164 | 1890 *M. r.*, Boulenger in: Fauna Brit. Ind., Rept. Batr. p. 491 | 1904 *M. r.*, Ferguson in: J. Bombay Soc., *v.* 15 p. 506 t. A. f. 4 (Habitusbild und Mund der Larve).

Körperform gedrungen. Vorderkopf abgerundet, etwas kürzer als der Augendurchmesser; Interorbitalraum breiter als ein oberes Augenlid. Finger und Zehen mäßig lang, an den Spitzen nicht aufgetrieben; 1. Finger viel kürzer als der 2.; Subarticularhöcker sehr deutlich; von den 2 ziemlich großen, ovalen, seitlich zusammengedrückten, stark vorspringenden Metatarsalhöckern ist der laterale etwas größer als der mediale. Bei nach vorn an

Fig. 22.

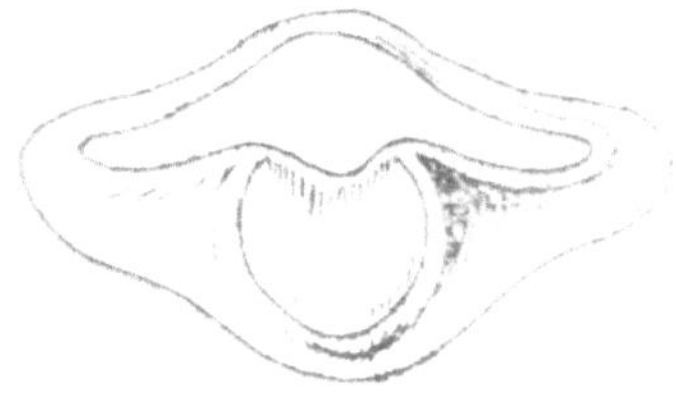

Fig. 23.

Microhyla rubra (Jerd.). Fig. 22 Larve; Fig. 23 Mund der Larve, stark vergr. (beides nach Ferguson).

den Körper angelegtem Hinterbein reicht das Tibiotarsalgelenk über die Schulter hinaus, aber nie bis zum Auge. Haut glatt. Oberseite rötlichbraun, Rumpfseiten dunkler; eine dunkelbraune Binde zieht vom Kopfende durch das Auge und an den Rückenseiten entlang zur Weiche und von hier aus ein dunkelbrauner Querstreifen über den Oberschenkel: zuweilen ein zwischen den Augen beginnender, dunkler, Xförmiger Fleck auf dem Vorderrücken; Gliedmaßen mehr oder weniger deutlich quer gebändert. Unterseite einfarbig weiß oder mit einigen braunen Punkten auf der Kehle. — L. 29 mm.

♂ mit schwarzer Kehle und subgularer Schallblase. Die 5 mm im Durchmesser haltenden Eier werden in flachen, durchsichtigen Massen abgelegt. Rumpf der Larven etwa $1^1/_2$ mal so lang wie breit, weniger als $^1/_2$ so lang wie der Schwanz. Nasenlöcher nahe beieinander auf der Oberseite des Kopfes, näher beim Auge als beim Kopfende; Augen näher bei diesem als beim Spiraculum, ihr Abstand voneinander ist 6 mal so groß wie der zwischen den Nasenlöchern und $2^1/_2$ mal so groß wie die Mundbreite. Mund ohne Papillen, Hornschnabel und Zähnchen, aber mit kontraktiler Unterlippe (Fig. 23). Spiraculum in der Mittellinie des Bauches, dicht vor dem After, nach unten und hinten gerichtet. Schwanz stark zugespitzt (Fig. 22), 4 mal so lang wie hoch; unterer Flossensaum doppelt so hoch wie der obere, beide zusammen niedriger als der muskulöse Teil des Schwanzes. Körper fast durchsichtig: Oberseite rötlich, mit sehr feinen, dunkelbraunen Punkten, die über den Nasenlöchern, Augen und auf dem Rücken dunkle Flecke bilden; beide Schwanzsäume gegen ihr Ende hin dicht gefleckt. Rumpf 11 mm lang, 8 mm breit. Schwanz 25 mm lang, 6 mm hoch.

Vorderindien und Assam.

2. **M. ornata** (Dum. & Bibr.) 1841 *Engystoma ornatum*, C. Duméril & G. Bibron, Erpét., *v.* 8 p. 745 | 1843 *Siphneus o.*, Fitzinger, Syst. Rept., p. 33 | 1853 *Engystoma carnaticum* + ? *E. malabaricum*, Jerdon in: J. Asiat. Soc. Bengal, *v.* 22 p. 534 | 1858 *Diplopelma ornatum* (part.), Alb. Günther, Cat. Batr. sal. Brit. Mus., p. 50 | 1864 *D. o.*, Alb. Günther, Rept. Brit. Ind., p. 417 | 1867 *Engystoma o.*, E. D. Cope in: J. Ac. Philad., ser. 2 *v.* 6 p. 194 | 1870 *Diplopelma carnaticum*, Stoliczka in: J. Asiat. Soc. Bengal, *v.* 39 p. 154 t. 9 f. 5 | 1882 *Microhyla ornata*, Boulenger, Cat. Batr. sal. Brit. Mus., ed. 2 p. 165 | 1890 *M. o.*, Boulenger in: Fauna Brit. Ind., Rept. Batr. p. 491 | 1899 *M. o.*, S. Flower in: P. zool. Soc. London, p. 902 t. 60 f. 1, a, b (Habitusbilder der Larve) | 1912 *M. o.*, Boulenger, Vert. Fauna Malay, Rept. Batr. p. 260.

Körperform mäßig schlank. Vorderkopf stumpf, so lang wie oder etwas länger als der Augendurchmesser; Interorbitalraum breiter als ein oberes Augenlid. 1. Finger viel kürzer als der 2.; Finger und Zehen ziemlich schlank, an den Spitzen zu sehr kleinen Haftscheiben verbreitert; Zehen durch eine schwache Spur Schwimmhaut verbunden; Subarticularhöcker sehr deutlich;

Fig. 24. **Microhyla ornata** (C. Dum. & G. Bibr.). Larve, etwa $2^1/_2 \times$ vergr. (nach S. Flower).

2 kleine, annähernd gleich große Metatarsalhöcker vorhanden. Bei nach vorn an den Körper angelegtem Hinterbein reicht das Tibiotarsalgelenk zwischen Schulter und Auge, aber niemals über letzteres hinaus. Haut glatt. Oberseite rötlich oder grauolivenfarbig mit einer großen, dunklen, zwischen den Augen beginnenden und nach hinten allmählich breiter werdenden Zeichnung, an deren beiden Seiten oft noch dunkle, gewellte Längslinien vorhanden sind: Kopf- und Rumpfseiten mit dunkler Längsbinde; Gliedmaßen dunkel quer gebändert: Kehle und Brust in der Regel grau oder bräunlich, weiß punktiert, übrige Unterseite einfarbig weißlich. — L. 20 mm.

♂ mit subgularer Schallblase. Die etwa 2 mm im Durchmesser haltenden Eier werden in flachen, durchsichtigen Massen abgelegt. Rumpf der Larve $1^3/_4$ mal so lang wie breit, etwas mehr als $^1/_2$ so lang wie der Schwanz. Nasenlöcher nahe beieinander auf der Oberseite des Kopfes, näher bei dessen Spitze als beim Auge; Abstand der Augen voneinander etwa 5 mal so groß wie der zwischen den Nasenlöchern und größer als die Mundbreite. Mund ohne Papillen, Hornschnabel und Zähnchenreihen, aber mit kontraktiler Unterlippe. Spiraculum in der Mittellinie des Bauches, vor dem am Beginn des unteren Flossensaumes gelegenen After. Schwanz etwa 4 mal so lang wie hoch, in eine feine Spitze ausgezogen (Fig. 24); unterer Flossensaum höher als der nicht bis auf den Rücken reichende obere. Im Leben durchsichtig und fast farblos; nur auf dem muskulösen Teil des Schwanzes und auf dem Rücken mit winzigen gelblichbraunen Punkten, die auf dem Rücken eine diamantenähnliche Figur bilden. Rumpf 7 mm lang, 4 mm breit, Schwanz 13 mm lang, 3 mm hoch.

Vorder- u. Hinterindien, Südchina.

3. **M. picta** Schenkel 1901 *M. p.*, Schenkel in: Verh. Ges. Basel, *v.* 13 p. 151 tf. 1.

Körper etwas schlanker, Vorderkopf etwas weniger stumpf als bei *M. rubra*, aber immer noch kürzer als der Augendurchmesser; Interorbitalraum kaum breiter als ein oberes Augenlid. 1. Finger viel kürzer als der 2.; Finger- und Zehenspitzen nicht verbreitert; Zehen an der Basis durch Schwimmhaut verbunden; 2 große, stark seitlich zusammengedrückte Metatarsalhöcker vorhanden. Bei nach vorn an den Körper angelegtem Hinterbein reicht das

Tibiotarsalgelenk zwischen Schulter und Auge. Oberseite hellrostbraun mit großen dunkelbraunen, fein weißlich gesäumten Flecken, davon 1 Paar zwischen den Augen und 3 ∧-Flecke auf dem Rücken; Kopfseiten dunkel mit hellem Schrägstrich vom Auge zur Armwurzel; Rumpfseiten hell mit unregelmäßigen, kleinen, etwas schief gestellten, braunen Längsflecken; Ober- und Unterschenkel dunkel quer gebändert. — L. 26 mm (nach Figur).

Cochinchina (?).

4. **M. pulchra** (Hallow.) 1858 *Diplopelma ornatum* (part.), Alb. Günther, Cat. Batr. sal. Brit. Mus., p. 50 | 1860 *Engystoma pulchrum*, Hallowell in: P. Ac. Philad., p. 506 | 1860 *Scaptophryne labyrinthica*. Fitzinger in: SB. Ak. Wien, v. 42 p. 416 | 1864 *Diplopelma pulchrum*, Alb. Günther. Rept. Brit. Ind., p. 417 | 1867 *D. p.*, Steindachner in: Reise Novara, Amph. p. 36 t. 2 f. 15—18 (Habitus, Mundhöhle, Füße) 1867 *Engystoma p.*, E. D. Cope in: J. Ac. Philad., ser. 2 v. 6 p. 194 | 1872 *Ranina symmetrica*, David in: N. Arch. Mus. Paris, v. 7 Bull. p. 76 | 1882 *Microhyla pulchra*, Boulenger Cat. Batr. sal. Brit. Mus., ed. 2 p. 165.

Körperform schlank. Vorderkopf etwas zugespitzt, etwas länger als der Augendurchmesser; Interorbitalraum so breit wie ein oberes Augenlid. 1. Finger viel kürzer als der 2.; Finger ziemlich schlank; Zehen lang, zu $^1/_2$ ihrer Länge durch Schwimmhaut verbunden; Finger- und Zehenspitzen nicht verbreitert: Subarticularhöcker sehr deutlich; 2 sehr kleine Metatarsalhöcker vorhanden. Bei nach vorn an den Körper angelegtem Hinterbein reicht das Tibiotarsalgelenk mindestens bis zur Vorderkopfspitze. Haut glatt. Oben olivenfarbig, grau oder rötlichbraun, schön gemustert mit hellen und dunklen ∧-Linien auf dem Rücken und Querbinden auf den Gliedmaßen (Fig. 25); ein Querstreifen zwischen den Augen, ein großer ∧-förmiger Fleck auf dem Rücken und ein Streifen vom Auge zur Flankenmitte sind dunkelbraun. Kehle und Brust braun gewölkt, übrige Unterseite ungefleckt. — L. 27 mm.

Fig. 25.
Microhyla pulchra (Hallow.)
(nach Steindachner).

♂ mit subgularer Schallblase.

China und Kambodscha.

5. **M. butleri** Blgr. 1900 *M. B.*, Boulenger in: Ann. nat. Hist., ser. 7 v. 6 p. 188 | 1912 *M. b.*, Boulenger, Vert. Fauna Malay, Rept. Batr. p. 261.

Körperform schlank. Vorderkopf abgerundet, so lang wie der Augendurchmesser: Interorbitalraum breiter als ein oberes Augenlid. Finger und Zehen ziemlich schlank, an den Spitzen zu kleinen, aber wohl entwickelten Haftscheiben verbreitert: 1. Finger viel kürzer als der 2.: Zehen an der Basis durch Schwimmhaut verbunden; Subarticularhöcker klein: 2 sehr kleine Metatarsalhöcker vorhanden. Bei nach vorn an den Körper angelegtem Hinterbein reicht das Tibiotarsalgelenk bis zum Auge. Haut glatt oder auf dem Rücken mit kleinen glatten Warzen besetzt. Rücken grau, Flanken und Gliedmaßen hellrötlich, mit dunkelbrauner, symmetrischer, auf den Gliedmaßen Querbinden bildender Zeichnung. Einige kleine scharlachfarbene Flecke an den Seiten; ein weißlicher Fleck an der Vorderkopfspitze: ein weißlicher Streifen vom Auge schräg zur Armwurzel herab. Unterseite weißlich, Kehle und Brust dunkelbraun gesprenkelt. — L. 26 mm.

Malacca (Larut-Berge in 1200 m Höhe) und Tonkin.

6. **M. annectens** Blgr. 1900 *M. a.*, Boulenger in: Ann. nat. Hist., ser. 7 *v.* 6 p. 188 | 1912 *M. a.*, Boulenger, Vert. Fauna Malay, Rept. Batr. p. 262 | 1912 *M. a.*, Barbour in: Mem. Mus. Harvard, *v.* 44 p. 71 t. 7 f. 26.

Körperform schlank. Vorderkopf abgerundet, so lang wie der Augendurchmesser: Interorbitalraum breiter als ein oberes Augenlid. Finger und Zehen mäßig schlank, an den Spitzen zu ziemlich großen Haftscheiben verbreitert; 1. Finger viel kürzer als der 2.; Zehen zu $^1/_2$ ihrer Länge durch Schwimmhaut verbunden; Subarticularhöcker schwach vorspringend; nur ein sehr kleiner medialer Metatarsalhöcker vorhanden. Bei nach vorn an den Körper angelegtem Hinterbein reicht das Tibiotarsalgelenk weit über die Vorderkopfspitze hinaus. Haut glatt. Oben braun oder rötlich, mit symmetrischen, schwärzlichen, hellgesäumten Flecken, von denen ein großer Rückenfleck sich vorne zwischen den Augen zu einer Querbinde verbreitert; Flanke schwarz mit scharfer oberer Grenzlinie; ein weißlicher Streifen zieht vom Auge schräg zur Armwurzel herab; ein schwarzer Fleck am Knie; je eine dunkle Querbinde auf Ober- und Unterschenkel und Tarsus. Unterseite weißlich oder dicht dunkelbraun marmoriert. — L. 18 mm.

Malacca (Larut-Berge in 1200 m Höhe) Java und Borneo.

7. **M. leucostigma** Blgr. 1899 *M. l.*, Boulenger in: Ann. nat. Hist., ser. 7 *v.* 3 p. 275 t. 12 f. 1 1912 *M. l.*, Boulenger, Vert. Fauna Malay, Rept. Batr. p. 260.

Körperform mäßig schlank. Vorderkopf abgerundet, kürzer als der Augendurchmesser; Interorbitalraum breiter als ein oberes Augenlid. Finger- und Zehenspitzen zu kleinen, aber sehr deutlichen Haftscheiben verbreitert. 1. Finger viel kürzer als der 2.; die mäßig langen Zehen durch eine schwache Spur Schwimmhaut verbunden; Subarticularhöcker und medialer Metatarsalhöcker flach, sehr wenig vorspringend. Bei nach vorn an den Körper angelegtem Hinterbein reicht das Tibiotarsalgelenk bis zum Auge oder über dieses hinaus. Haut glatt. Oberseite schwärzlichbraun, überall weiß punktiert; Gliedmaßen dunkelbraun mit schwarzen Querbinden; Unterseite mit großen, gelblichweißen, durch schwärzlichbraunes Netzwerk getrennten Flecken. — L. 27 mm.

Malacca (Larut-Berge in 900 m Höhe) und Borneo.

8. **M. achatina** (Boie) 1827 *Hylaplesia a.*, Boie in: Schlegel in: Isis, *v.* 20 p. 294 | 1838 *Microhyla a.*, Tschudi, Classif. Batr., p. 71 | 1841 *Micrhyla a.* (= *Hyla a.* MS.). C. Duméril & G. Bibron, Erpét., *v.* 8 p. 614 | 1843 *Hylaplesia a.*, Fitzinger, Syst. Rept., p. 31 | 1858 *Microhyla a.*, Alb. Günther, Cat. Batr. sal. Brit. Mus., p. 121 | 1867 *Diplopelma disciferum*, Peters in: Monber. Ak. Berlin, p. 36 | 1867 *Microhyla achatina* + *Engystoma disciferum*, E. D. Cope in: J. Ac. Philad., ser. 2 *v.* 6 p. 193, 194 | 1882 *Microhyla achatina*, Boulenger, Cat. Batr. sal. Brit. Mus., ed. 2 p. 166 | 1912 *M. a.*, Boulenger, Vert. Fauna Malay, Rept. Batr. p. 261 | 1912 *M. a.*, Barbour in: Mem. Mus. Harvard, *v.* 44 p. 71 t. 7 f. 27.

Körperform schlank. Vorderkopf etwas zugespitzt, so lang wie oder etwas länger als der Augendurchmesser; Interorbitalraum breiter als ein oberes Augenlid. Finger ziemlich schlank; 1. Finger viel kürzer als der 2.; Zehen schlank, an der Basis durch Schwimmhaut verbunden; Fingerspitzen zu sehr kleinen, Zehenspitzen zu gut entwickelten Haftscheiben verbreitert; Subarticularhöcker deutlich; 2 kleine Metatarsalhöcker vorhanden. Bei nach vorn an den Körper angelegtem Hinterbein reicht das Tibiotarsalgelenk bis zur Spitze des Kopfes oder etwas über diese hinaus. Haut glatt. Oben braun oder rötlich mit dunkelbraunen Flecken oder symmetrischen Zeichnungen oder mit ziemlich undeutlichen, hellen und dunklen /\-Linien, zuweilen auch mit heller Längslinie in der Rückenmitte. Kopf- und Rumpfseiten dunkelbraun oder schwarz; Analregion schwärzlich; Gliedmaßen mehr oder weniger deutlich hell und dunkel quer gebändert. Unterseite violettlederfarbig. — L. 23 mm.

♂ mit subgularer Schallblase.

Hinterindien und Malayischer Archipel.

9. **M. berdmorii** (Blyth) 1856 *Engystoma? b.*, Blyth in: J. Asiat. Soc. Bengal, *v.* 24 p. 720 | 1867 *Callula natatrix*, E. D. Cope in: J. Ac. Philad., ser. 2 *v.* 6 p. 192 | 1868 *Diplopelma berdmorei*, Alb. Günther in: Zool. Rec., *v.* 4 p. 146 | 1868 *D. pulchrum*, Theobald in: J. Asiat. Soc. Bengal, *v.* 37 nr. 146 p. 83 | 1871 *D. berdmorei*, John Anderson in: P. zool. Soc. London, p. 202 | 1872 *D. B.*, Stoliczka in: P. Asiat. Soc. Bengal, p. 109 | 1882 *Microhyla berdmorii*, Boulenger, Cat. Batr. sal. Brit. Mus., ed. 2 p. 166 | 1890 *M. b.*, Boulenger in: Fauna Brit. Ind., Rept. Batr. p. 492 | 1912 *M. b.*, Boulenger, Vert. Fauna Malay, Rept. Batr. p. 263.

Körperform schlank. Vorderkopf etwas zugespitzt, so lang wie oder etwas länger als der Augendurchmesser; Interorbitalraum breiter als ein oberes Augenlid. 1. Finger viel kürzer als der 2.; Spitzen der ziemlich schlanken Finger zu kleinen, die der langen Zehen zu ziemlich großen Haftscheiben verbreitert; Zehen bis zur Spitze durch Schwimmhaut verbunden; Subarticularhöcker sehr deutlich; 2 sehr kleine Metatarsalhöcker vorhanden. Bei nach vorn an den Körper angelegtem Hinterbein reicht das Tibiotarsalgelenk bis über die Kopfspitze hinaus. Haut glatt oder mit einigen verstreuten Höckern auf dem Rücken und an den Seiten. Oben bräunlich, olivenfarben oder rötlich; ein zwischen den Augen beginnender, sanduhrförmiger, dunkler, hellgesäumter Fleck auf Kopf und Vorderrücken reicht zuweilen bis auf den Hinterrücken; schwarze Flecke an den Seiten der Beine und in der Regel auch auf den Flanken; ein dunkler /\-Fleck in der Analregion. Kehle und Brust braun gewölkt, sonstige Unterseite weiß. — L. 45 mm.

♂ mit innerer Schallblase.

Hinterindien, Sumatra.

10. **M. inornata** Blgr. 1890 *M. i.*, Boulenger in: P. zool. Soc. London, p. 37 | 1912 *M. i.*, Boulenger, Vert. Fauna Malay, Rept. Batr. p. 259.

Vorderkopf stumpf, kürzer als der Augendurchmesser; Interorbitalraum etwas breiter als ein oberes Augenlid. 1. Finger viel kürzer als der 2.; Zehen mäßig lang, völlig frei; Finger- und Zehenspitzen zu sehr kleinen Haftscheiben verbreitert; Subarticularhöcker sehr deutlich; nur ein sehr kleiner, runder medialer Metatarsalhöcker vorhanden. Bei nach vorn an den Körper angelegtem Hinterbein reicht das Tibiotarsalgelenk bis zur Schläfe oder bis zum Auge. Rücken glatt oder mit kleinen glatten Warzen besetzt. Oberseite grau oder dunkelbraun, schwarz gefleckt oder marmoriert; Kopfseiten schwarz, mit einer Reihe weißer Flecke längs der Oberlippe. Unterseite braun oder braun gefleckt. — L. 23 mm.

♂ mit schwarzer Kehle und subgularer Schallblase.

Hinterindien, Sumatra, Borneo.

11. **M. palmipes** Blgr. 1897 *M. p.*, Boulenger in: Ann. nat. Hist., ser. 6 *v.* 19 p. 108.

Körperform schlank. Vorderkopf abgerundet, so lang wie der Augendurchmesser; Interorbitalraum breiter als ein oberes Augenlid. 1. Finger viel kürzer als der 2., 3. Finger doppelt so lang wie der 2. oder 4. Finger;

Fingerspitzen nur aufgetrieben, Zehenspitzen zu kleinen Haftscheiben verbreitert; Zehen zu $^2/_3$ ihrer Länge durch Schwimmhaut verbunden: 2 äußerst kleine, ovale Metatarsalhöcker vorhanden. Bei nach vorn an den Körper angelegtem Hinterbein reicht das Tibiotarsalgelenk bis zur Schnauzenspitze. Haut glatt. Oberseite graubraun, mit symmetrischer, hell gesäumter, dunkler Zeichnung, bestehend aus einem dreieckigen Fleck zwischen den Augen, einer Λ-förmigen Figur auf dem Rücken und einer vom Auge zur Flankenmitte ziehenden schrägen Binde; Analregion schwarz; je eine dunkle schräge Binde auf dem Ober- und Unterschenkel und ein schwarzer Fleck an der Medialseite des Unterschenkels etwas oberhalb der Ferse. Unterseite weißlich, Kehle und Bauch mit einigen weißen Sprenkeln; Unterlippe dunkelbraun mit weißen Punkten. — L. 18 mm.

Pengalengan auf **Java**, in **1200** m Höhe.

12. **M. bungurana** (Günther) 1895 *Diplopelma bunguranum*, Alb. Günther in: Nov. zool., *v.* 2 p. 501 | 1896 *D. b.*, Alb. Günther ibid., *v.* 3 p. 185 t. 8 f. 2, 3.

Kopf ziemlich klein; Vorderkopf etwas vorspringend, merklich länger als der Augendurchmesser; Interorbitalraum breiter als ein oberes Augenlid. 3. Finger die kurzen übrigen Finger weit überragend; die kurzen Zehen durch sehr schwache Schwimmhaut verbunden; 1. Zehe sehr kurz; Haftscheiben fehlen; Metatarsalhöcker sehr undeutlich. Bei nach vorn an den Körper angelegtem Hinterbein reicht das Tibiotarsalgelenk noch nicht bis zum Auge. Haut auf dem Rücken sehr fein gekörnelt, fast glatt, an den Seiten und unten mit größeren Höckern. Rücken dunkelpurpurbraun; Kopf- und Rumpfseiten mit rosenroter, nach hinten sich verbreitender Binde und mit einem großen, ovalen schwarzen Fleck in der Lendengegend; Kopfseiten und Kehle schwarz, Bauch schwarz und gelblichrosa; Rumpfseiten und Unterseite mit kleinen, spitzen, leuchtend gelben Höckern besetzt; Oberschenkel mit runden gelben Flecken, Unterschenkel mit 1 oder 2 braunen Querbinden. — L. 24 mm.

Natuna-Inseln.

13. **M. hainanensis** Barb. 1908 *M. h.*, Barbour in: Bull. Mus. Harvard, *v.* 51 p. 322 1909 *M. h.*, Barbour in: P. N. Engl. zool. Club, *v.* 4 p. 57 | 1912 *M. h.*, Barbour in: Mem. Mus. Harvard, *v.* 44 t. 7 f. 28.

Körperform gedrungen. Vorderkopf ziemlich rund, länger als der Augendurchmesser; Interorbitalraum etwa so breit wie ein oberes Augenlid. Finger und Zehen mäßig lang, an den Spitzen nicht verbreitert; 1. Finger viel kürzer als der 2.; Zehen fast zu $^1/_2$ ihrer Länge durch Schwimmhaut verbunden; Subarticularhöcker an den Fingern undeutlich, an den Zehen sehr deutlich; lateraler Metatarsalhöcker kräftiger als der mediale. Bei nach vorn an den Körper angelegtem Hinterbein reicht das Tibiotarsalgelenk bis zur Vorderkopfspitze oder über diese noch hinaus. Haut meistens glatt, mit einigen verstreuten Höckern auf dem Hinterrücken und zahlreichen Höckern auf der Lateralseite des Oberschenkels. Olivenfarbig oder rötlichbraun in verschiedenen Schattierungen, manchmal mit dunklen, Λ-förmigen Binden auf dem Rücken; eine dunkle, manchmal in der Mitte unterbrochene Querbinde zwischen den Augen; eine dunkle Längsbinde an jeder Flanke und zahlreiche Querbinden auf den Gliedmaßen; ein großer, dunkler Fleck jederseits vom After. Kehle und Brustseiten düster braun gewölkt, übrige Unterseite ungefleckt. — L. ca. 20 mm (nach Figur).

♂ mit subgularer Schallblase.

Insel Hainan.

14. **M. boulengeri** T. Vogt 1913 *M. b.*, T. Vogt in: SB. Ges. Fr. Berlin, p. 222.

Körperform schlank. Kopf klein, vorn abgestumpft; Interorbitalraum doppelt so breit wie ein oberes Augenlid. Finger- und Zehenspitzen etwas verbreitert; Schwimmhaut kurz, an der 2. Zehe das letzte, an der 3. Zehe die beiden letzten Glieder frei lassend; ein kleiner, länglicher medialer und ein runder lateraler Metatarsalhöcker vorhanden. Bei nach vorn an den Körper angelegtem Hinterbein reicht das Tibiotarsalgelenk fast bis zur Vorderkopfspitze. Haut glatt; eine in der hinteren Hälfte mehrfach unterbrochene, feine Längsfalte zieht von der Schnauzenspitze zum After; Schultergegend und Rumpfseiten mit kleinen Warzen. Oberseite hellgraubraun mit dunkelbrauner, weißgesäumter Zeichnung, bestehend aus einem dreieckigen, mit der Spitze nach hinten gerichteten Fleck hinter dem Interorbitalraum und 2 X-förmigen Figuren auf dem Rücken. Dorsolateral zahlreiche kleine, karminrote Fleckchen sowie an jeder Rumpfseite 3 längliche braune Flecke vorhanden. Unterseite hell, nur die Kehle grauschwarz; Ober- und Unterlippe braun mit feinen, senkrechten weißen Strichen. — L. 22 mm.

Insel Hainan.

15. **M. fissipes** Blgr. 1884 *M. f.*, Boulenger in: Ann. nat. Hist., ser. 5 *v.* 13 p. 397 | 1907 *M. f.*, Stejneger in: Bull. U. S. Mus., *v.* 58 p. 88.

Körperform schlank. Vorderkopf abgestutzt, wenig länger als der Augendurchmesser; Interorbitalraum breiter als ein oberes Augenlid. Finger schlank; 1. Finger viel kürzer als der 2.; Zehen lang und schlank, frei, aber mit einem schwachen Hautsaum; Finger- und Zehenspitzen nicht aufgetrieben; Subarticularhöcker deutlich; 2 ziemlich kleine, stumpfe Metatarsalhöcker vorhanden. Bei nach vorn an den Körper angelegtem Hinterbein reicht das Tibiotarsalgelenk bis zum Auge. Haut oben fast glatt, an den Seiten mit kleinen, roten Warzen besetzt. Oben olivenbraun; eine dunkle Binde zieht von der Vorderkopfspitze jederseits durch das Auge bis zur Flankenmitte; eine längliche, X-förmige, dunkle Zeichnung beginnt zwischen den Augen, eine $\wedge$-förmige Figur in der Sacralregion; Gliedmaßen dunkel quer gebändert. — L. 26 mm.

Süd-Formosa.

16. **M. stejnegeri** Blgr. 1909 *M. s.*, Boulenger in: Ann. nat. Hist., ser. 8 *v.* 4 p. 494.

Körperform ziemlich gedrungen. Vorderkopf abgestutzt, über die Mundspalte vorspringend, etwas kürzer als der Augendurchmesser; Interorbitalraum viel breiter als ein oberes Augenlid. Finger und Zehen mäßig schlank, stumpf, an den Spitzen nicht verbreitert; 1. Finger etwas kürzer als der 2.; Zehen mit sehr schwacher Spur von Schwimmhaut; Subarticularhöcker sehr kräftig; nur ein rundlicher medialer Metatarsalhöcker vorhanden. Bei nach vorn an den Körper angelegtem Hinterbein reicht das Tibiotarsalgelenk bis zur Schläfe. Haut glatt, eine schräge Hautfalte vom Auge zum Arm. Dunkelgrau, schwarz gefleckt oder gesprenkelt; ein schwarzer Streifen zieht von der Vorderkopfspitze durch das Auge zum Arm; Kopfseiten und Gliedmaßen mit heller, flechtenartiger Zeichnung; Unterseite schmutzig weiß, mehr oder weniger stark braun gefleckt oder punktiert. — L. 30 mm.

♂ mit schwarzer Kehle und innerer Schallblase.

Formosa.

17. **M. heymonsi** T. Vogt 1911 *M. h.*, T. Vogt in: SB. Ges. Fr. Berlin, p. 181.

Kopf klein; Vorderkopf zugespitzt, die Mundspalte überragend, so lang wie der Augendurchmesser; Interorbitalraum doppelt so breit wie ein oberes

Augenlid. Finger- und Zehenspitzen deutlich verbreitert; Zehen durch sehr kurze Schwimmhaut verbunden; Subarticularhöcker sehr deutlich; ein ovaler medialer und ein runder lateraler Metatarsalhöcker vorhanden. Bei nach vorn an den Körper angelegtem Hinterbein erreicht das Tibiotarsalgelenk den Vorderrand des Auges. Haut vollkommen glatt. Färbung rötlich bis graurötlich; die für viele Arten dieser Gattung charakteristische X- oder Λ-Zeichnung ist nur sehr undeutlich ausgebildet; eine helle von der Vorderkopfspitze zum After ziehende Linie durchschneidet in der Rückenmitte einen fast kreisrunden, tiefschwarzen Fleck von etwa $1^1/_2$ mm Durchmesser; Flanken tief dunkel, scharf gegen den Rücken abgesetzt; After, Medialseite des Metatarsus und Unterseite des Fußes ebenfalls dunkel; Unterseite hell, Kehle dunkel. — L. 24 mm.

Formosa.

18. **M. okinavensis** Stejn. 1887 *M. fissipes* (part.), Boulenger in: P. zool. Soc. London, p. 150 | 1891 *M. f.*, Okada, Cat. Vert. Jap., p. 66 | 1894 *M. f.*, Fritze in: Zool. Jahrb., Syst. *v.* 7 p. 865 | 1895 *M. f.*, O. Boettger in: Ber. Offenb. Ver., *v.* 33—36 p. 106 | 1901 *M. okinavensis*, Stejneger in: P. biol. Soc. Washington, *v.* 14 p. 189 | 1902 *M. undulata*, A. E. Brown in: P. Ac. Philad., *v.* 54 p. 186 | 1907 *M. okinavensis*, Stejneger in: Bull. U. S. Mus., *v.* 58 p. 89 f. 71—75 (Kopf, Mundhöhle, Füße).

Vorderkopf ziemlich spitz, wenig länger als der Augendurchmesser; Interorbitalraum breiter als ein oberes Augenlid. Finger- und Zehenspitzen nicht verbreitert; 1. Finger viel kürzer als der 2.; Zehen an der Basis durch schwache, aber deutliche Schwimmhaut verbunden, an den Seiten mit Andeutungen von Hautsäumen; Subarticularhöcker sehr deutlich; Metatarsalhöcker ziemlich groß, der mediale länger als der halbe Augendurchmesser. Bei nach vorn an den Körper angelegtem Hinterbein reicht das Tibiotarsalgelenk kaum bis zum Auge. Haut glatt. Oberseite violettgrau, oft mit sehr schmaler, heller Längslinie in der Rückenmitte; 2 von einem dreieckigen, mit der Spitze nach hinten gerichteten, dunkelbraunen Fleck zwischen den Augen ausgehende dunkle, am lateralen Rande sehr fein hell gesäumte, gewellte Bänder divergieren nach den Weichen hin, konvergieren in der Sacralgegend und enden auf den Oberschenkeln; die von ihnen umschlossene Zone ist dunkler als die übrige Grundfarbe; lateral von ihnen sind in der Regel noch mehr oder weniger deutliche dunkle Wellenlinien vorhanden; ein ziemlich breites, oben durch eine sehr feine, helle Linie gesäumtes, dunkelbraunes Band zieht vom Kopfende an den Kopfseiten entlang und über die Schulter bis zu den Weichen; eine dunkle Binde auf der Vorder- und Hinterseite des Oberschenkels; Gliedmaßen oben dunkel quer gebändert; ein heller Streifen vom Auge zur Armwurzel. Unterseite weißlich, an Kinn und Kehle dicht, am Bauch schwächer dunkelbraun marmoriert. — L. 28 mm.

♂ mit schwarzer Kehle.

Riu-Kiu-Inseln.

? **M. sp.?** 1899 *M. sp.?*, S. Flower in: P. zool. Soc. London, p. 903 t. 60 f. 2a—c (Habitusbilder und Mund einer Larve).

S. Flower hält die in Fig. 26 abgebildete, vom ihm beschriebene Froschlarve für eine *Microhyla*-Larve, deren Artzugehörigkeit noch nicht festgestellt ist. Ihre Merkmale sind: Rumpf $1^1/_3$ mal so lang wie breit, Schwanzlänge $1^4/_7$—$1^5/_6$ der Rumpflänge. Nasenlöcher nahe beieinander auf der Oberseite des Kopfes, näher bei dessen Vorderende als bei den Augen; letztere 6 mal so weit voneinander entfernt, wie die Nasenlöcher voneinander. Der endständige Mund ist ohne Hornschnabel, Zähnchenreihen und Papillen, aber mit vorspringender Unterlippe. Spiraculum in der Mittellinie des Bauches in einer durchsichtigen Scheide dicht vor dem am Ende einer tiefdunklen Scheide sich öffnenden After. Schwanz mit feinem Endfaden; oberer Flossensaum konvex, der höhere untere doppelt ausgebuchtet. Im Leben sehr durch-

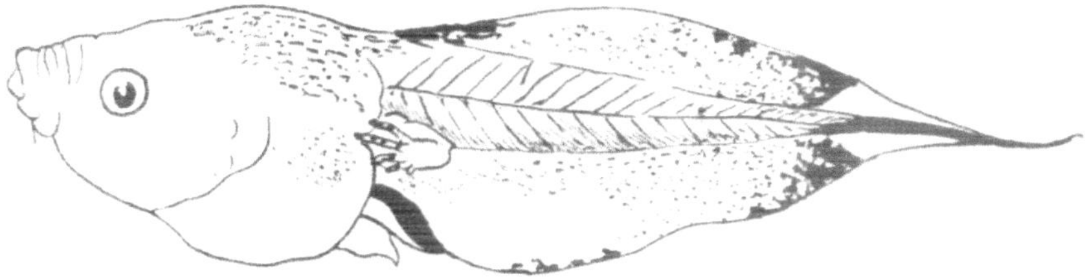

Fig. 26. **Microhyla spec.?** Larve, etwa 2 × vergr. (nach S. Flower).

sichtig, nur auf der Oberseite, an den Seiten des Hinterkörpers und am muskulösen Teil des Schwanzes gelblichbraun mit dunkelbraunen Flecken; Flossensäume lederfarbig, gelblichbraun gesprenkelt, an den Rändern unregelmäßig schwarz gefleckt; hinterster Schwanzteil nur in der Muskelpartie pigmentiert. Rumpf 13,5 mm lang, 10 mm breit, Schwanz 24 mm lang, 11 mm hoch.

Hinterindien.

16. Gen. **Phrynella** Boulenger

1887 *P.*, Boulenger in: Ann. nat. Hist., ser. 5 *v.* 19 p. 346 | 1912 *P.*, Boulenger, Vert. Fauna Malay, Rept. Batr. p. 265.

Pupille horizontal. Zunge herzförmig, hinten frei abhebbar. Gaumenzähne und Gaumenfalten fehlen. Trommelfell nicht oder nur schwach sichtbar. Finger frei, Zehen mit breiter Schwimmhaut, die nicht zwischen die Metatarsen der 4. und 5. Zehe eingreift; Finger- und Zehenspitzen zu Haftscheiben verbreitert, mit T-förmigen knöchernen Endphalangen. Praecoracoide fehlen; Sternum knorplig. Querfortsätze des Sacralwirbels mäßig stark verbreitert.

2 Arten in der orientalischen Region.

Bestimmungstabelle der Arten:

1 { Zehen mindestens zu $^3/_4$ ihrer Länge durch Schwimmhaut verbunden; Subarticularhöcker der Finger groß und flach . . 1. **P. pulchra**
Zehen kaum zu $^1/_2$ ihrer Länge durch Schwimmhaut verbunden; Subarticularhöcker sehr groß und vorspringend; ♂ mit starkem Pollexrudiment (Fig. 27) . . . . 2. **P. pollicaris**

1. **P. pulchra** Blgr. 1887 *P. p.*, Boulenger in: Ann. nat. Hist., ser. 5 *v.* 19 p. 346 t. 10 f. 2 | 1904 *P. p.*, Isenschmid in: Mt. Ges. Bern, Abh. p. 87 t. 5 f. 1, a (Habitus Mundhöhle) | 1912 *P. p.*, Boulenger, Vert. Fauna Malay, Rept. Batr. p. 265.

Körperform gedrungen; Kopf klein; Vorderkopf kurz, abgestutzt, vorspringend; Interorbitalraum viel breiter als ein oberes Augenlid. Finger flach, an den Spitzen zu großen, etwa dreieckigen Haftscheiben verbreitert, mit sehr großen, flachen Subarticularhöckern; 1. Finger kürzer als der 2.; Zehen an den Spitzen schwach verbreitert, zu $^3/_4$ ihrer Länge oder fast völlig durch Schwimmhaut verbunden; medialer Metatarsalhöcker klein, flach, oval. Bei nach vorn an den Körper angelegtem Hinterbein reicht das Tibiotarsalgelenk bis zur Schläfe oder fast bis zum Hinterrand des Auges. Haut glatt oder mit kleinen flachen Warzen an den Seiten und auf dem Hinterrücken. Oberseite braun mit symmetrischen, dunklen, teilweise rot gesäumten Flecken; Bauch, Weichen und Hinterseite des Oberschenkels gelblich; ein gleichfarbiges Querband trennt einen, den After umschließenden, großen dunkelbraunen Fleck von dem dunklen Rücken und Oberschenkel; Kehle und Unterseite des Hinterfußes braun. — L. 42 mm.

♂ mit innerer gularer Schallblase.

Malacca und Malayischer Archipel.

2. **P. pollicaris** Blgr. 1887 *P. pulchra* (non *P. p.* Boulenger 1887), Alb. Günther in: Ann. nat. Hist., ser. 5 *v.* 20 p. 313 t. 16 f. B (Vorderfuß des ♂) 1890 *P. pollicaris*, Boulenger in: P. zool. Soc. London, p. 37 | 1912 *P. p.*, Boulenger, Vert. Fauna Malay, Rept. Batr. p. 266.

Unterscheidet sich von der vorigen Art durch gedrungenere Körperform, kürzeren Kopf, kürzere und dickere Finger mit sehr stark vorspringenden Subarticularhöckern und durch nur zu $^1/_2$ ihrer Länge durch Schwimmhaut verbundene Zehen. Färbung sehr veränderlich, oben dunkelolivenbraun bis schwärzlich oder gelblich; eine blaß olivengelbe Querbinde auf dem Vorderkopf; je eine gelbe Linie schräg vom Auge zum Mundwinkel und vom Auge an den Rumpfseiten entlang bis zu den Schenkeln, die letztere besonders längs ihrer Mitte sehr fein dunkelbraun gefleckt; ein dreieckiger heller Fleck mit dunkler Mitte in der Aftergegend; Gliedmaßen mit hellen Querbinden; Brust gelb, Bauch braun, weißlich gefleckt. — L. 34 mm.

Fig. 27. **Phrynella pollicaris** Blgr. Vorderfuß des ♂ von der Ventralseite (nach Boulenger).

♂ mit brauner Kehle und mit einem großen, höckerartigen Pollexrudiment (Fig. 27).

Malacca und Malayischer Archipel.

17. Gen. **Oreophryne** O. Boettger

1895 *O.*, O. Boettger in: Zool. Anz., *v.* 18 p. 135 | 1897 *Sphenophryne* (part.), Boulenger in: P. zool. Soc. London, p. 235 | 1901 *Oreophryne*, O. Boettger in: Abh. Senckenb. Ges., *v.* 25 p. 376 | 1901 *O.*, Méhely in: Termés. Füzetek, *v.* 24 p. 254 t. 10 f. 1 (Schultergürtel) | 1911 *Méhelyia*, Wandolleck in: Abh. Mus. Dresden, *v.* 13 nr. 6 p. 7 f. 18—35 (Skeletteile) | 1918 *Oreophryne*, Kampen in: Bijdr. Dierk., afl. 21 p. 53, 54.

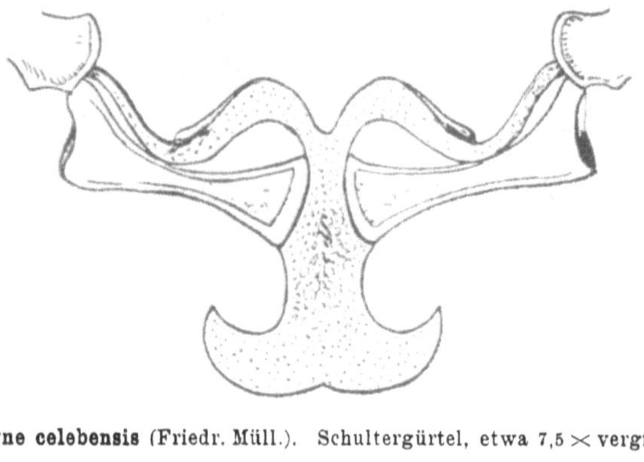

Fig. 28. **Oreophryne celebensis** (Friedr. Müll.). Schultergürtel, etwa 7,5 × vergr. (nach Méhely).

Pupille horizontal. Zunge groß, oval, ganzrandig, hinten frei abhebbar. Gaumenzähne fehlen; vor dem Schlundeingang 2 quere Hautfalten, von denen die hintere stets gezähnelt, die vordere gekerbt oder glatt ist; Trommelfell mehr oder weniger deutlich sichtbar. Finger frei; Zehen frei oder mit Schwimmhaut, die nicht zwischen die Metatarsen der 4. und 5. Zehe eingreift; Finger- und Zehenspitzen zu **Haftscheiben** verbreitert, mit T- oder Y-förmigen knöchernen Endphalangen. Praecoracoide vorhanden, die ihrem Vorderrande angelagerten Claviculae (Fig. 28) erreichen mit ihrem lateralen Ende nicht die Scapula; Omosternum fehlt; Sternum eine ankerförmige Knorpelplatte. Querfortsätze des Sacralwirbels ziemlich stark verbreitert.

9 Arten in der orientalisch-australischen Region.

Bestimmungstabelle der Arten:

1	Trommelfell $^1/_3$ so breit wie der Augendurchmesser — 2	
	Trommelfell $^1/_2$ so breit wie der Augendurchmesser — 7	
2	Subarticularhöcker und medialer Metatarsalhöcker völlig fehlend — 3	
	Subarticularhöcker und medialer Metatarsalhöcker flach und undeutlich, aber vorhanden — 4	
3	Zehen völlig frei	2. **O. celebensis**
	Zehen mit einer Spur von Schwimmhaut	3. **O. biroi**
4	Zehen zu $^1/_3$ ihrer Länge durch Schwimmhaut verbunden	1. **O. senckenbergiana**
	Zehen nur an ihrer Basis durch Schwimmhaut verbunden oder völlig frei — 5	
5	Interorbitalraum viel breiter als ein oberes Augenlid .	6. **O. albopunctata**
	Interorbitalraum nicht oder kaum breiter als ein oberes Augenlid — 6	
6	Bei nach vorn an den Körper angelegtem Hinterbein reicht das Tibiotarsalgelenk:	
	bis zum Trommelfell.	4. **O. loriae**
	bis zum Auge	5. **O. crucifera**
7	Bei nach vorn an den Körper angelegtem Hinterbein reicht das Tibiotarsalgelenk:	
	bis zur Schulter oder zum Trommelfell	7. **O. anthonyi**
	mindestens bis zum Auge — 8	
8	1. Finger noch nicht $^1/_2$ so lang wie der 2., an der Spitze nicht verbreitert (Fig. 29)	8. **O. ateles**
	1. Finger etwas kürzer als der 2., mit kleiner Haftscheibe endigend (Fig. 30)	9. **O. verrucosa**

1. **O. senckenbergiana** Boettg. ?1878 *Microhyla achatina* var. *moluccensis*, Peters & Doria in: Ann. Mus. Genova, *v.* 13 p. 428 | 1895 *Oreophryne senckenbergiana*, O. Boettger in: Zool. Anz., *v.* 18 p. 136 | 1901 *O. s.*, O. Boettger in: Abh. Senckenb. Ges., *v.* 25 p. 376 t. 16 f. 11a—c (Habitus, Kopf von der Seite, Mundhöhle) | 1901 *O. s.*, Méhely in: Termés. Füzetek, *v.* 24 p. 255.

Körperform gedrungen. Vorderkopf stumpf zugespitzt, wenig kürzer als der Augendurchmesser; Interorbitalraum viel breiter als ein oberes Augenlid; Trommelfell undeutlich, oft ganz unter der Haut verborgen, nahe dem Auge, etwa $^1/_3$ so breit wie dieses. 1. Finger kürzer als der 2. Finger- und Zehenspitzen zu ziemlich gleich großen, dreieckigen, vorn abgestutzten Haftscheiben verbreitert; die verhältnismäßig kurzen Zehen fast zu $^1/_3$ ihrer Länge durch Schwimmhaut verbunden; Subarticularhöcker undeutlich; medialer Metatarsalhöcker sehr schwach, seitlich zusammengedrückt. Bei nach vorn an den Körper angelegtem Hinterbein reicht das Tibiotarsalgelenk bis zum Trommelfell oder bis zum Hinterrande des Auges. Haut oben glatt, am Bauch und unter den Oberschenkeln grobrunzlig gekörnelt. Weiß mit grauer Marmorierung und symmetrischer, tiefschwarzer Fleckenzeichnung; eine weiße Querbinde zwischen den Augen; ein schwarzer, oben und unten weiß eingefaßter Temporalstreifen vorhanden; Rumpfseiten schwarz und weiß gefleckt, ein großer schwarzer, breit weiß gesäumter Fleck in der Weichengegend besonders deutlich. Oberschenkel vorn und hinten einfarbig rotgelb. Finger dunkel mit weißen Ringen; Unterseite braungelb, weiß gefleckt und marmoriert. — L. 26 mm.

♂ mit innerer subgularer Schallblase.

Insel Halmaheira (Molukken).

2. **O. celebensis** (Friedr. Müll.) 1894 *Sphenophryne c.*, Friedr. Müller in: Verh. Ges. Basel, *v.* 10 p. 841 tf. | 1897 *S. c.*, Boulenger in: P. zool. Soc. London, p. 235 t. 16 f. 4 | 1901 *Oreophryne c.*, Méhely in: Termés. Füzetek, *v.* 24 p. 256 t. 10 f. 1 (Schultergürtel).

Vorderkopf kurz, abgerundet, mit schwachem Canthus rostralis; Interorbitalraum so breit wie oder etwas breiter als ein oberes Augenlid; Trommelfell kaum deutlich, etwa $^1/_3$ so breit wie der Augendurchmesser. 1. Finger kürzer als der 2.; Haftscheiben der Fingerspitzen sehr groß, viel größer als die der kurzen, freien Zehen; 3. Zehe bedeutend länger als die 5. Zehe; Subarticular- und Metatarsalhöcker fehlen. Bei nach vorn an den Körper angelegtem Hinterbein reicht das Tibiotarsalgelenk bis zum Auge oder etwas über dieses hinaus. Haut oben glatt oder mit verstreuten flachen Warzen besetzt; zuweilen ein kleiner Höcker am oberen Augenlid; Bauch gekörnelt. Färbung sehr wechselnd; oben gelblich, rötlich, rosarot oder braun, einfarbig oder dunkel gefleckt oder marmoriert; Vorderkopf oben zuweilen rosarot, mit dunklem Canthalstreifen und mit einem dreieckigen dunklen Fleck zwischen den Augen oder mit einer X- oder sanduhrförmigen Zeichnung zwischen den Augen und den Schultern; zuweilen eine helle Längslinie in der Rückenmitte. Unten grau oder bräunlich, einfarbig oder dunkelbraun gesprenkelt. — L. 30 mm.

♂ ohne Schallblasen.

Celebes.

3. **O. biroi** (Méh.) 1897 *Sphenophryne b.*, Méhely in: Termés. Füzetek, *v.* 20 p. 411 t. 10 f. 3—6 (Habitus, Mundhöhle, Schultergürtel) | 1901 *S. B.*, Méhely ibid., *v.* 24 p. 252 t. 10 f. 2 (Schultergürtel) t. 11 f. 6 (Schädel) | ? 1910 *S. mertoni*, J. Roux in: Abh. Senckenb. Ges., *v.* 33 p. 227 t. 14 f. 5 a, b (Habitus, Mundhöhle, Schultergürtel) | ? 1911 *Méhelyia lineata* + *M. affinis*, Wandolleck in: Abh. Mus. Dresden, *v.* 13 nr. 6 p. 7, 8 | 1918 *Oreophryne biroi*, Kampen in: Bijdr. Dierk., afl. 21 p. 54.

Körperform *Rana*-artig. Kopf groß; Vorderkopf kurz, mit rundlichem Canthus rostralis und mit steil abfallender Zügelregion, so lang wie der Augendurchmesser; Interorbitalraum $1^1/_3$ mal so breit wie ein oberes Augenlid; Trommelfell undeutlich, kaum mehr als $^1/_3$ so breit wie der Augendurchmesser. 1. Finger beträchtlich kürzer als der 2.; 5. Zehe länger als die 3.; Zehen durch eine sehr kleine Spur von Schwimmhaut verbunden; Haftscheiben der Fingerspitzen mäßig groß, etwas größer als die der Zehen; Subarticular- und Metatarsalhöcker fehlen. Bei nach vorn an den Körper angelegtem Hinterbein reicht das Tibiotarsalgelenk bis zum Vorderrand des Auges. Haut glatt, nur am Hinterbauch und auf der Hinter- und Unterseite der Oberschenkel gekörnelt; eine sehr feine Hautfalte längs der Mittellinie des Rückens Oberseite gelblichrot, sehr fein und dicht schwärzlich punktiert, so daß zuweilen die Oberseite, die oberen Augenlider, die Vorderkopfseiten und besonders der Interorbitalraum fast schwarz erscheinen; Schultergegend dunkel; Gliedmaßen mit Spuren dunkler Querbinden; Finger und Zehen hell und dunkel geringelt; Unterseite hellrötlichbraun, dunkelbraun bestäubt. — L. 25 mm.

Neuguinea & Aru-Inseln.

4. **O. loriae** (Blgr.) 1898 *Sphenophryne l.*, Boulenger in: Ann. Mus. Genova, ser. 2 *v.* 18 p. 707 t. 8 f. 3, a (Habitus, Vorderfuß) | 1909 *S. l.*, Kampen in: Nova Guinea, *v.* 9 p. 41 | 1918 *Oreophryne l.*, Kampen in: Bijdr. Dierk., afl. 21 p. 54.

Kopf breiter als lang; Vorderkopf abgerundet, schwach vorspringend, etwas kürzer als das Auge, mit starkem Canthus rostralis und etwas schiefer, vertiefter Zügelregion; Interorbitalraum so breit wie oder etwas breiter als ein oberes Augenlid; Trommelfell mäßig deutlich, kaum $^1/_3$ so breit wie der Augendurchmesser. 1. Finger kürzer als der 2., mit gut entwickelter Haftscheibe; Haftscheiben der ziemlich kurzen Finger breiter als lang, mehr als doppelt so breit wie die Finger und $^1/_2$ so groß wie das Auge, etwas größer als die der Zehen; letztere an der Basis durch Schwimmhaut verbunden; Subarticular- und Metatarsalhöcker flach und undeutlich. Bei nach vorn an den Körper angelegtem Hinterbein reicht das Tibiotarsalgelenk bis zum Trommelfell. Haut glatt. Färbung sehr wechselnd: oben grau, braun oder rötlich, einfarbig oder dunkel gefleckt oder marmoriert, mit oder ohne gelbe Längslinie in der Rückenmitte, oft auch mit dreieckigem, mit der Spitze nach hinten gerichtetem, dunkelbraunem Fleck auf dem Hinterkopf, mit der Basis zwischen den Augen; Unterseite weißlich, einfarbig oder braun bestäubt. — L. 29 mm.

Neuguinea.

5. **O. crucifera** (Kamp.) 1913 *Cophixalus crucifer*, Kampen in: Nova Guinea, *v.* 9 p. 462 t. 11 f. 6 1918 *Oreophryne crucifera*, Kampen in: Bijdr. Dierk., afl. 21 p. 54.

Kopf breiter als lang, $^2/_5$ so lang wie Kopf und Rumpf zusammen. Vorderkopf vorn senkrecht abgestutzt, kürzer als das Auge, mit scharfem, gebogenem Canthus rostralis und schiefer, wenig vertiefter Zügelregion. Interorbitalraum kaum breiter als ein oberes Augenlid; Trommelfell undeutlich, etwa $^1/_3$ so breit wie das Auge. 1. Finger kürzer als der 2.; Haftscheiben der Finger groß (am 3. Finger etwa $^1/_2$ so breit wie das Auge), an den Zehen kleiner; Zehen an der Basis durch Schwimmhaut verbunden; Subarticular- und Metatarsalhöcker schwach entwickelt. Bei nach vorn an den Körper angelegtem Hinterbein reicht das Tibiotarsalgelenk bis zum Auge. Haut glatt, nur auf der Unterseite von Kopf und Rumpf gekörnelt. Oberseite rötlichbraun, mit goldgelber Interorbitalbinde und einer gelblichen, sanduhrförmigen Figur auf dem Rücken; jederseits ein gelblicher Fleck in der Sacralgegend; Oberarm und Oberschenkel größtenteils, Bauch völlig farblos oder letzterer braun bestäubt. — L. 24 mm.

West-Neuguinea.

6. **O. albopunctata** (Kamp.) 1909 *Sphenophryne a.*, Kampen in: Nova Guinea, *v.* 9 p. 42 t. 2 f. 7 | 1918 *Oreophryne a.*, Kampen in: Bijdr. Dierk., afl. 21 p. 54.

Kopf etwas breiter als lang, $^1/_3$ so lang wie Kopf und Rumpf zusammen. Vorderkopf abgerundet, vorspringend, kürzer als der Augendurchmesser, mit gerundetem Canthus rostralis und fast senkrecht abfallender, etwas vertiefter Zügelregion; Interorbitalraum viel breiter als ein oberes Augenlid; Trommelfell sehr undeutlich, etwa $^1/_8$ so breit wie das Auge. 1. Finger viel kürzer als der 2.; von den großen Haftscheiben der kurzen Finger ist die des 3. Fingers breiter als der $^1/_2$ Augendurchmesser; 3. und 5. Zehe gleich lang;

Haftscheiben der kurzen Zehen etwas kleiner als die der Finger; Subarticular- und Metatarsalhöcker flach. Bei nach vorn an den Körper angelegtem Hinterbein reicht das Tibiotarsalgelenk bis zum Trommelfell oder Hinterrand des Auges. Haut glatt. Bräunlich, oberseits dunkler, mit zuweilen undeutlicher, dunkler Binde zwischen den Augen, W-förmigem Fleck auf dem Hinterkopf und mit 1 Paar hellen, dunkel eingefaßten Flecken in der Sacralgegend; Analgegend schwärzlich. Unterseite, besonders auf Kehle und Brust mehr oder weniger dunkel bestäubt; ein weißer Fleck in der Mitte der Oberseite des Unterschenkels. Finger und Zehen voll geringelt. — L. 25 mm.

Neuguinea (Nordfluß bei Sabang).

7. **O. anthonyi** (Blgr.) 1897 *Sphenophryne A.*, Boulenger in: Ann. nat. Hist., ser. 6 *v.* 19 p. 10 t. 2 f. 1 | 1918 *Oreophryne A.*, Kampen in: Bijdr. Dierk., afl. 21 p. 54.

Vorderkopf kurz, abgerundet, mit deutlichem Canthus rostralis und vertiefter Zügelregion; Interorbitalraum so breit wie ein oberes Augenlid; Trommelfell deutlich, kaum $^1/_2$ so breit wie das Auge. 1. Finger kürzer als der 2.; Haftscheiben der Finger sehr groß, annähernd dreieckig, breiter als lang, viel größer als die der Zehen; letztere durch eine Spur Schwimmhaut verbunden; Subarticular- und Metatarsalhöcker fehlen. Bei nach vorn an den Körper angelegtem Hinterbein reicht das Tibiotarsalgelenk bis zur Schulter oder zum Trommelfell. Haut glatt, auf Kehle und Bauch gefeldert; zuweilen eine feine Längsfalte in der Rückenmitte sowie ein Paar dicht hinter dem Kopf nach dem Rücken hin konvergierender Linien vorhanden. Färbung sehr wechselnd: oben grau, braun oder rötlich, schwarz gefleckt oder gesprenkelt oder mit großen hellen Flecken, zuweilen mit einer feinen hellen Längslinie in der Rückenmitte. Oberschenkel und Unterseite braun, einfarbig oder gelb gefleckt, oder gelblich marmoriert mit dunkelbrauner Netzzeichnung. — L. 45 mm.

♂ ohne Schallblase, mit einer hellen Längslinie auf Kinn und Kehle.

Neuguinea (Owen Stanley-Gebirge).

8. **O. ateles** (Blgr.) 1898 *Sphenophryne a.*, Boulenger in: Ann. Mus. Genova, ser. 2 *v.* 18 p. 708 t. 8 f. 4, a (Habitus, Vorderfuß) | 1918 *Oreophryne a.*, Kampen in: Bijdr. Dierk., afl. 21 p. 54.

Kopf breiter als lang; Vorderkopf abgerundet, schwach vorspringend, etwas kürzer als der Augendurchmesser, mit starkem Canthus rostralis und etwas schiefer, vertiefter Zügelregion; Interorbitalraum etwas breiter als ein oberes Augenlid; Trommelfell deutlich, $^1/_2$ so breit wie der Augendurchmesser. 1. Finger sehr kurz, noch nicht $^1/_2$ so lang wie der 2., an der Spitze nicht verbreitert (Fig. 29); Haftscheiben der übrigen Finger sehr groß, breiter als lang, doppelt so breit wie die Finger, $^1/_2$ so groß wie das Auge, größer als die Haftscheiben der nicht durch Schwimmhaut verbundenen Zehen; Subarticularhöcker flach und undeutlich. Bei nach vorn an den Körper angelegtem Hinterbein reicht das Tibiotarsalgelenk bis zum Auge. Oberseite mit kleinen Warzen und Längsfalten; Unterseite glatt. Oben braun oder grau; Vorderkopf oben und an den Seiten gewöhnlich gelblich; zuweilen ist ein gebogener, schwärzlicher Dorsolateralstreifen vorhanden, manchmal auch eine helle Längslinie oder ein breiter heller Streifen in der Rückenmitte. Unterseite braun oder schwärzlich. — L. 15 mm.

Fig. 29. **Oreophryne ateles** (Blgr.). Vorderfuß, von der Ventralseite (nach Boulenger).

Neuguinea.

9. **O. verrucosa** (Blgr.) 1898 *Sphenophryne v.*, Boulenger in: Ann. Mus. Genova, ser. 2 *v.* 18 p. 707 t. 8 f. 2, a (Habitus, Vorderfuß) | 1913 *Oreophryne v.*, Kampen in: Nova Guinea, *v.* 9 p. 463 | 1918 *O. v.*, Kampen in: Bijdr. Dierk., afl. 21 p. 54.

Kopf so lang wie breit; Vorderkopf stumpfspitzig, vorspringend, am Ende schief abgestutzt, so lang wie das Auge, mit scharfem Canthus rostralis und senkrecht abfallender Zügelregion; Interorbitalraum etwas breiter als ein oberes Augenlid; Trommelfell mäßig deutlich, etwa 1/2 so breit wie das Auge. 1. Finger kürzer als der 2., mit kleiner Haftscheibe endigend (Fig. 30); Haftscheiben der übrigen Finger groß, breiter als lang, etwa doppelt so breit wie die Finger, etwas größer als die der Zehen; Subarticular- und Metatarsalhöcker flach und undeutlich. Bei nach vorn an den Körper angelegtem Hinterbein reicht das Tibiotarsalgelenk bis zum Auge oder zwischen Auge und Schnauzenspitze. Haut der Oberseite mit flachen Warzen und welligen Hautfalten, häufig ein mehr oder weniger deutlicher, kegelförmiger Höcker nahe dem freien Lidrand; Unterseite glatt oder am Bauche schwach gekörnelt. Oben dunkelolivenfarbig, schwarz gefleckt oder marmoriert; Weichen und Oberschenkelseiten auf schwarzem Grunde weiß gefleckt, Lendengegend oft mit unscharfem Augenfleck. Kehle und Brust dunkelbraun oder braun gefleckt; Unterseite der Gliedmaßen braun gefleckt; Bauch weißlich. — L. 33 mm.

Fig. 30
Oreophryne verrucosa (Blgr.). Vorderfuß von der Ventralseite (nach Boulenger).

♂ ohne Schallblase.
Neuguinea.

18. Gen. Sphenophryne Peters & Doria

1878 *S.*, Peters & Doria in: Ann. Mus. Genova, *v.* 13 p. 430 | 1882 *S.*, Boulenger, Cat. Batr. sal. Brit. Mus., ed. 2 p. 157 | 1892 *Chaperina*, F. Mocquard in: Naturaliste, ser. 2 *v.* 14 p. 35 | 1892 *C.*, F. Mocquard in: Mém. Soc. zool. France, *v.* 5 p. 194 | 1897 *Sphenophryne*, Méhely in: Termés. Füzetek, *v.* 20 p. 401, 412 | 1901 *S.* + *Chaperina*, Méhely ibid., *v.* 24 p. 251, 258 t. 6 f. 4. 5 (Schädel) t. 10 f. 3, 7 (Schultergürtel, Endphalange) | 1906 *C.*, Kampen in: Nova Guinea, *v.* 5 p. 170 | 1912 *Austrochaperina*, Fry in: Rec. Austral. Mus., *v.* 9 p. 87 tf. 35—37 t. 8, 9 | 1918 *Sphenophryne*, Kampen in: Bijdr. Dierk., afl. 21 p. 53, 54.

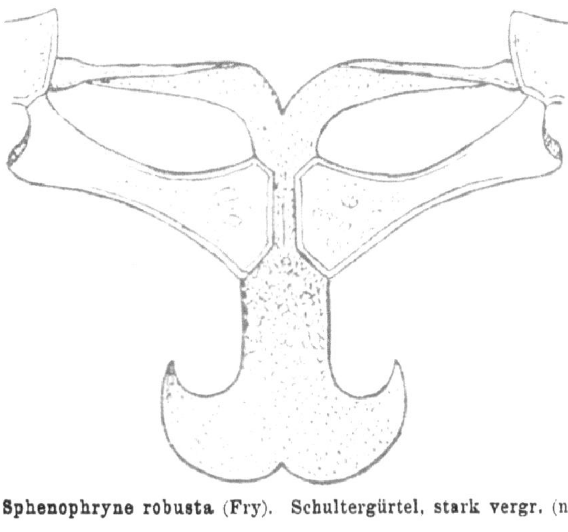

Fig. 31. **Sphenophryne robusta** (Fry). Schultergürtel, stark vergr. (nach Fry).

Pupille horizontal. Zunge groß, länglichoval oder kreisrund, ganzrandig oder hinten eingeschnitten, hinten frei abhebbar. Gaumenzähne fehlen, aber hinter den Choanen 2 quere oder nach hinten konvergierende Knochenleisten vorhanden; vor dem Schlundeingang 2 quere Hautfalten, von denen die vordere selten, die hintere stets gezähnelt ist; Trommelfell mehr oder weniger deutlich sichtbar oder unsichtbar. Finger frei; Zehen frei oder mit kurzer Schwimmhaut; Finger- und Zehenspitzen zu ziemlich großen Haftscheiben verbreitert, mit T-förmigen knöchernen Endphalangen. Praecoracoide vorhanden; die ihrem Vorderrande angelagerten Claviculae erreichen mit ihrem lateralen Ende die Scapula (Fig. 31); Omosternum fehlt; Sternum eine Knorpelplatte. Querfortsätze des Sacralwirbels meistens stark verbreitert.

11 Arten in der orientalisch-australischen Region.

Bestimmungstabelle der Arten.

1	Oberes Augenlid ohne Höcker — **2**	
	Oberes Augenlid mit einem kleinen Höcker (Fig. 33) .	8. **S. cornuta**
2	Trommelfell mehr oder weniger deutlich sichtbar — **3**	
	Trommelfell völlig unsichtbar — **10**	
3	Trommelfell $\frac{2}{3}$–$\frac{3}{4}$ so groß wie das Auge — **4**	
	Trommelfell höchstens $\frac{1}{2}$ so groß wie das Auge — **5**	
4	Haftscheiben der Finger viel größer als die der Zehen .	2. **S. variabilis**
	Haftscheiben der Zehen größer als die der Finger . .	4. **S. macrorhyncha**
5	Bei nach vorn an den Körper angelegtem Hinterbein reicht das Tibiotarsalgelenk:	
	über das Auge hinaus — **6**	
	höchstens bis zum Auge — **7**	
6	Interorbitalraum so breit wie ein oberes Augenlid; Haftscheiben der Zehen größer als die der Finger . . .	6. **S. klossi**
	Interorbitalraum viel breiter als ein oberes Augenlid; Haftscheiben der Finger größer als die der Zehen .	10. **S. ornata**
7	Zehen an der Basis durch Schwimmhaut verbunden (Fig. 32)	5. **S. basipalmata**
	Zehen völlig frei — **8**	
8	Vorderkopf kürzer als der Augendurchmesser — **9**	
	Vorderkopf länger als der Augendurchmesser	3. **S. fusca**
9	1. Finger viel kürzer als der 2., Nasenloch von Auge und Vorderkopfspitze gleichweit entfernt	7. **S. polysticta**
	1. Finger fast so lang wie der 2., Nasenloch viel näher bei der Vorderkopfspitze als beim Auge	9. **S. robusta**
10	Bei nach vorn an den Körper angelegtem Hinterbein reicht das Tibiotarsalgelenk:	
	bis zum Vorderrand des Auges; Haftscheiben an den Fingern schwach entwickelt, an den Zehen fehlend .	11. **S. gracilipes**
	bis zur Schulter oder Schläfe; Haftscheiben gut entwickelt	1. **S. monticola**

1. **S. monticola** Blgr. 1897 *S. m.*, Boulenger in: Ann. nat. Hist., ser. 6 v. 19 p. 508.

Vorderkopf kurz, abgerundet, mit schwachem Canthus rostralis; Interorbitalraum so breit wie oder breiter als ein oberes Augenlid; Trommelfell unsichtbar. 1. Finger kürzer als der 2.; Finger- und Zehenspitzen zu gut entwickelten Haftscheiben verbreitert, die an den Fingern kaum größer sind als an den Zehen; letztere nicht durch Schwimmhaut verbunden; Subarticularhöcker fehlen; medialer Metatarsalhöcker sehr undeutlich. Bei nach vorn an den Körper angelegtem Hinterbein reicht das Tibiotarsalgelenk bis zur Schulter oder Schläfe. Oberseite glatt oder mit kleinen Warzen besetzt; Bauch undeutlich gekörnelt. Färbung sehr wechselnd: oben grau, braun oder anilinrot, einfarbig oder dunkel gefleckt oder marmoriert, mit oder ohne einen gelblichweißen, vom oberen Augenlid zur Weiche ziehenden Streifen; zuweilen eine feine weißliche Linie längs der Rückenmitte und der Hinterbeine; Unterseite weiß oder rosig, Medialseite der Hinterbeine gewöhnlich lebhaft rosa. Kehle braun gesprenkelt oder völlig dunkelbraun. — L. 26 mm.

Insel Lombok.

2. **S. variabilis** Blgr. 1896 *S. v.*, Boulenger in: Ann. nat. Hist., ser. 6 *v.* 18 p. 64 | 1897 *S. v.*, Boulenger in: P. zool. Soc. London, p. 235 t. 16 f. 5.

Vorderkopf kurz, abgerundet, mit schwach angedeutetem Canthus rostralis; Interorbitalraum breiter als ein oberes Augenlid; Trommelfell wenig deutlich, $^2/_3$—$^3/_4$ so breit wie das Auge. 1. Finger kürzer als der 2.; Haftscheiben der Fingerspitzen sehr groß, viel größer als die der kurzen, freien Zehen; Subarticular- und Metatarsalhöcker fehlen. Bei nach vorn an den Körper angelegtem Hinterbein reicht das Tibiotarsalgelenk bis zur Schulter oder zum Trommelfell. Haut der Oberseite glatt, die des Bauches gekörnelt. Färbung sehr wechselnd: oben grau, braun, purpurfarbig, rosen- oder hochrot, einfarbig oder dunkel marmoriert, oder mit hellgelbem oder rosigem Lateralstreifen; zuweilen eine helle Längslinie in der Rückenmitte; manchmal ein dunkler, hell eingefaßter Augenfleck in der Lendengegend; Kopfseiten in der Regel dunkelbraun; Unterseite einfarbig weißlich oder grau oder dunkelbraun mit gelben Flecken. — L. 28 mm.

♂ ohne Schallblase.

Celebes.

3. **S. fusca** (Mocq.) 1892 *Chaperina f.*, F. Mocquard in: Naturaliste, ser. 2 *v.* 14 p. 35 | 1892 *C. f.*, F. Mocquard in: Mém. Soc. zool. France, *v.* 5 p. 194 t. 7 f. 2, a, b (Habitusbilder, Vorderfuß) | 1901 *C. f.*, Méhely in: Termés. Füzetek, *v.* 24 p. 257 t. 12 f. 3 (Habitusbild), t. 10 f. 7 (Endphalange) | 1918 *Sphenophryne f.*, Kampen in: Bijdr. Dierk., afl. 21 p. 54.

Kopf klein, dreieckig, so breit wie oder etwas breiter als lang; Vorderkopf ziemlich schmal, abgerundet, wenig länger als der Augendurchmesser, mit rundlichem Canthus rostralis und schief abfallender Zügelregion; Interorbitalraum fast doppelt so breit wie ein oberes Augenlid; Trommelfell deutlich, etwas mehr als $^1/_3$ so breit wie der Augendurchmesser. 1. Finger viel kürzer als der 2.; Finger- und Zehenspitzen zu deutlichen Haftscheiben verbreitert; Zehen frei; 3. Zehe länger als die 5.; Subarticularhöcker schwach, medialer Metatarsalhöcker länglich, klein. Bei nach vorn an den Körper angelegtem Hinterbein erreicht das Tibiotarsalgelenk das Auge. Haut glatt; eine schwache Hautfalte zieht vom Hinterrand des Auges oberhalb des Trommelfells hin zur Armwurzel. Oberseite einfarbig kastanienbraun mit einigen hellen Sprenkeln längs der Oberlippe; Unterseite mit schmutziggelben bis orangegelben, rundlichen Flecken zwischen einem braunen Maschenwerk. — L. 24,5 mm.

Borneo und Neuguinea.

4. **S. macrorhyncha** (Kamp.) 1906 *Chaperina m.*, Kampen in: Nova Guinea, *v.* 5 p. 168 t. 6 f. 3 | 1909 *C. m.*, Kampen ibid, *v.* 9 p. 43 | 1918 *Sphenophryne m.*, Kampen in: Bijdr. Dierk., afl. 21 p. 54.

Rumpf wenig breiter als der Kopf, letzterer $^2/_5$ so lang wie die gesamte Kopfrumpflänge; Vorderkopf abgerundet, stark vorspringend, so lang wie oder kürzer als der Augendurchmesser, mit deutlichem, gerundetem Canthus rostralis und fast senkrecht abfallender Zügelregion: Interorbitalraum $1-1^1/_2$ mal so breit wie ein oberes Augenlid; Trommelfell nicht immer deutlich, etwa $^2/_3$ so breit wie das Auge. 1. Finger viel kürzer als der 2., dieser wieder kürzer als der 4.; 3. Zehe viel länger als die 5.; Zehen frei; Haftscheiben klein, aber deutlich (außer am 1. Finger), die der Zehen größer (an der 2. bis 4. Zehe mehr als $^1/_2$ so breit wie das Trommelfell); Subarticularhöcker sehr undeutlich, medialer Metatarsalhöcker schwach, länglich. Bei nach vorn an den Körper angelegtem Hinterbein reicht das Tibiotarsalgelenk bis zum Auge. Haut ganz glatt, ohne Hautfalte über dem Trommelfell. Oben bräunlichrot, am Rücken dunkler, an den Rumpfseiten und den Gliedmaßen mit dunkelbraunen Fleckchen; ein dunkler Streifen unter dem Canthus rostralis und oft vom hinteren Augenwinkel an durch den oberen Teil des Trommelfells bis zur Rumpfmitte; Unterseite mit oder ohne Flecken und Marmorierung. — L. 21 mm.

West-Neuguinea.

5. **S. basipalmata** (Kamp.) 1906 *Chaperina b.*, Kampen in: Nova Guinea, *v.* 5 p. 169 t. 6 f. 4, 5 (Habitus, Hinterfuß) ?1911 *Sphenophryne schlaginhaufeni* + *Chaperina quatuorlobata*, Wandolleck in: Abh. Mus. Dresden, *v.* 13 nr. 6 p. 5, 9 f. 10—17, 36—46 (einzelne Schädelknochen und Schultergürtel beider Arten) | 1913 *C. punctata* + *C. basipalmata*, Kampen in: Nova Guinea, *v.* 9 p. 463, 464 t. 11 f. 7 | 1914 *C. p.* + *C. b.*, Kampen in: Zool. Jahrb., Syst. *v.* 37 p. 377, 378 1918 *Sphenophryne b.*, Kampen in: Bijdr. Dierk., afl. 21 p. 54.

Körperform wenig gedrungen. Kopf so breit wie lang, $^1/_2$ so lang wie der übrige Körper; Vorderkopf ziemlich spitz, stark vorspringend, so lang wie der Augendurchmesser, mit abgerundetem, aber deutlichem Canthus rostralis und wenig schiefer, vertiefter Zügelregion; Interorbitalraum $1^1/_2$ bis 2mal so breit wie ein oberes Augenlid; Trommelfell mehr oder weniger deutlich, etwas weniger als $^1/_2$ so breit wie das Auge. 1. Finger etwas kürzer als der 2.; 5. Zehe länger als die 2.; aber kürzer als die 3.; Haftscheiben ziemlich groß, vorn abgestutzt, an den Zehen etwas größer als an den Fingern, die größte etwas kleiner als das Trommelfell; Zehen an der Basis durch Schwimmhaut verbunden (Fig. 32); Subarticularhöcker und der längliche mediale Metatarsalhöcker stark abgeflacht. Bei nach vorn an den Körper angelegtem Hinterbein reicht das Tibiotarsalgelenk bis zum Trommelfell oder Auge. Haut völlig glatt; keine Hautfalte über dem Trommelfell. Oben bläulichgrau, auf den Rumpfseiten und den Gliedmaßen weiß marmoriert, in der Schultergegend oft mit einem oder mehreren, mehr oder weniger deutlichen, verwaschen dunkelgrauen Flecken. Unterseite weiß, teilweise mehr oder weniger dicht grau bestäubt. — L. 35 mm.

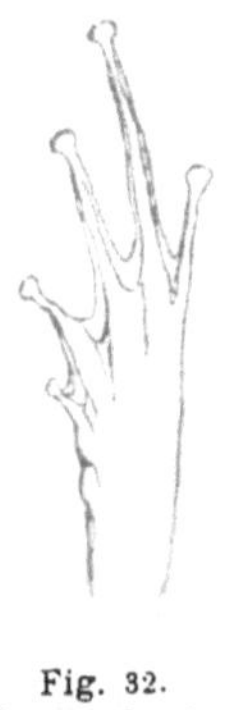

Fig. 32. **Sphenophryne basipalmata** (Kamp.). Hinterfuß von der Ventralseite (nach v. Kampen).

West-Neuguinea.

6. **S. klossi** Blgr. 1914 *S. k.*, Boulenger in: Tr. zool. Soc. London, *v.* 20 p. 251 t. 27 f. 3, a, b.

Kopf breiter als lang. Vorderkopf stumpf zugespitzt, am Ende schief abgestutzt, vorspringend, so lang wie das Auge, mit starkem Canthus rostralis und mäßig schiefer, schwach vertiefter Zügelregion; Interorbitalraum so breit wie ein oberes Augenlid; Trommelfell mäßig deutlich, etwa $^2/_3$ so breit wie das Auge. 1. Finger nicht ganz so lang wie der 2.; Haftscheiben der Finger sehr klein, die der freien Zehen etwas größer; Subarticular- und Metatarsalhöcker nicht sehr vorspringend. Bei nach vorn an den Körper angelegtem Hinterbein reicht das Tibiotarsalgelenk zwischen Auge und Schnauzenspitze. Haut glatt, mit einigen flachen Warzen auf der Oberseite und mit 2 feinen)(-förmigen Drüsenleisten in der Schultergegend; je eine feine Drüsenfalte zieht in der Rückenmitte und von jedem Auge an den Rumpfseiten entlang nach hinten. Oberseite gelb, mit einer unterbrochenen dunklen Querbinde zwischen den Augen, mit einer Λ-förmigen Querbinde in der Schultergegend und mit einer 3. Querbinde in der Sacralgegend; Zügel- und Schläfengegend, manchmal auch die Rumpfseiten unterhalb der Lateralfalte schwärzlichbraun; Beine mit dunkelbraunen Querbinden; Hinterseite der Oberschenkel schwärzlichbraun; Unterseite weiß, an der Kehle und unter den Oberschenkeln braun gesprenkelt, eine feine weiße Linie von der Kopfspitze zur Kehle. — L. 42 mm.

West-Neuguinea.

7. **S. polysticta** (Méh.) 1901 *Chaperina p.*, Méhely in: Termés. Füzetek, *v.* 24 p. 258 t. 12 f. 4 | 1918 *Sphenophryne p.*, Kampen in: Bijdr. Dierk., afl. 21 p. 54.

Vorderkopf etwas kürzer als der Augendurchmesser, an der Spitze stumpf abgerundet, mit rundlichem Canthus rostralis; Interorbitalraum etwas breiter als ein oberes Augenlid; Trommelfell deutlich, etwas mehr als $^2/_5$ so breit wie das Auge. 1. Finger bedeutend kürzer als der 2., der wieder kürzer als der 4. Finger ist; 3. Zehe beträchtlich länger als die 5.; Haftscheiben der Finger kaum breiter als das letzte Glied, die der Zehen etwas breiter, an der 4. Zehe $^1/_2$ so breit wie das Trommelfell; Subarticularhöcker kaum wahrnehmbar, Metatarsalhöcker klein und schwach. Bei nach vorn an den Körper angelegtem Hinterbein erreicht das Tibiotarsalgelenk das Trommelfell. Haut glatt. Ober- und Unterseite hellgelblichrot, Rückenzone etwas bräunlich; obere Augenlider und der Vorderkopf oben und an den Seiten schwärzlich; ein dunkelrotbrauner, schwach gewellter Streifen zieht vom Auge oberhalb des Trommelfells bis zur Rumpfmitte. Der ganze Rücken, die Rumpfseiten und die Ober- und Hinterseite der Gliedmaßen sind mit ziemlich großen, unregelmäßigen rotbraunen Flecken besetzt; Kehle und Vorderbrust rotbraun marmoriert, Bauch und Unterseite der Vorderbeine ungefleckt, die der Hinterbeine schwach gefleckt. — L. 24,5 mm.

Neuguinea (Sattelberg).

8. **S. cornuta** Ptrs. & Dor. 1878 *S. c.*, Peters & Doria in: Ann. Mus. Genova, *v.* 13 p. 430 t. 7 f. 4 | 1882 *S. c.*, Boulenger, Cat. Batr. sal. Brit. Mus., ed. 2 p. 157 | 1909 *Chaperina ceratopthalmus*, Kampen in: Nova Guinea, *v.* 9 p. 43 t. 2 f. 8 | 1914 *Sphenophryne cornuta*, Boulenger in: Tr. zool. Soc. London, *v.* 20 p. 251 | 1918 *S. c.*, Kampen in: Bijdr. Dierk., afl. 21 p. 54.

Fig. 33. **Sphenophryne cornuta** Peters & Doria (nach Peters & Doria).

Vorderkopf spitz, mit deutlichem Canthus rostralis und fast senkrecht abfallender Zügelregion; Trommelfell $^1/_3$ so breit wie das Auge. 1. Finger viel kürzer als der 2.; Spitzen der Finger zu großen, die der Zehen zu merklich kleineren Haftscheiben verbreitert; Metatarsalhöcker nicht vorspringend. Bei nach vorn an den Körper angelegtem Hinterbein reicht das Tibiotarsalgelenk zwischen Auge und Schnauzenspitze. Haut oben glatt, unten mit kleinen, verstreuten Höckern; ein dornförmiger kleiner Höcker auf dem oberen Augenlid (Fig. 33). Oben braun, schwärzlich gefleckt und marmoriert; eine unregelmäßige, schwärzliche Linie zieht vom Kinn zum Bauche. — L. 39 mm.

Neuguinea.

9. **S. robusta** (Fry) 1912 *Austrochaperina r.*, Fry in: Rec. Austral. Mus., *v.* 9 p. 89 f. 35, a (Schultergürtel, Endphalange), f. 37 t. 8 f. 2, a, b (Habitus, Gaumen, Kopf von der Seite, Füße) t. 9 (Schädel) | 1916 *A. r.*, L. G. Andersson in: Svenska Ak. Handl., *v.* 52 nr. 9 p. 7.

Körperform mehr oder weniger gedrungen: Kopf etwas breiter als lang; Vorderkopf rundlich, sehr wenig vorspringend, kürzer als der Augendurchmesser, mit rundlichem Canthus rostralis und wenig schiefer Zügelregion; Interorbitalraum breiter als ein oberes Augenlid; Trommelfell undeutlich, $^1/_2$ oder fast $^1/_2$ so breit wie das Auge. Finger und Zehen etwa walzenförmig oder abgeplattet; Finger mit wenig deutlichen, Zehen mit stärker hervortretenden Haftscheiben; 1. Finger fast so lang wie der 2.; medialer Metatarsalhöcker klein und oval. Bei nach vorn an den Körper angelegtem Hinterbein reicht das Tibiotarsalgelenk bis zum Trommelfell oder Auge. Haut glatt. Oberseite bräunlich, mehr oder weniger stark braun gefleckt und gesprenkelt, zuweilen zieht eine helle Linie die Rückenmitte und an der Hinterseite der Hintergliedmaßen bis zur Ferse entlang; Zügelregion und eine Binde vom Auge oberhalb des Trommelfells hin zur Schulter dunkelbraun; Unterseite heller, einfarbig oder schwach dunkelbraun gesprenkelt. — L. 28,5 mm.

Queensland.

10. **S. ornata** (Fry) 1912 *Austrochaperina o.*, Fry in: Rec. Austral. Mus., *v.* 9 p. 91 f. 38 (Habitus, Kopf von der Seite, Füße).

Körperform mäßig gedrungen. Kopf etwas breiter als lang; Vorderkopf abgerundet, etwas abgestutzt, nicht vorspringend, kürzer als der Augendurchmesser, mit rundlichem Canthus rostralis und fast senkrecht abfallender, nicht vertiefter Zügelregion; Interorbitalraum viel breiter als ein oberes Augenlid; Trommelfell kaum erkennbar, weniger als $^1/_2$ so breit wie das Auge. 1. Finger viel kürzer als der 2.; Haftscheiben der walzenförmigen Finger etwas größer als die der Zehen: medialer Metatarsalhöcker sehr klein, oval. Bei nach vorn an den Körper angelegtem Hinterbein reicht das Tibiotarsalgelenk bis zur Zügelregion. Haut glatt. Oben bräunlich mit dunkelbraunen Flecken; Oberseite des Kopfes und zuweilen ein nach hinten schmaler werdendes Band längs der Rückenmitte silberfarbig; Zügelregion und ein mehr oder weniger unterbrochenes Band vom Auge zur Achsel dunkelbraun; in der Schulter- und Lendengegend jederseits je ein brauner, hellgesäumter Augenfleck; Seiten- und Unterseite hellbraun, unregelmäßig hellbraun und gelb gesprenkelt. — L. 21 mm.

Queensland.

11. **S. gracilipes** (Fry) 1912 *Austrochaperina g.*, Fry in: Rec. Austral. Mus., *v.* 9 p. 93 f. 39 t. 8 f. 1, a, b (Habitus, Kopf von der Seite, Füße).

Körperform schlank. Kopf fast so lang wie breit; Vorderkopf abgerundet, an der Spitze flachgedrückt, vorspringend, länger als der Augendurchmesser, mit rundlichem Canthus rostralis und vertiefter, schief abfallender Zügelregion: Interorbitalraum viel breiter als ein oberes Augenlid; Trommelfell unsichtbar. 1. Finger viel kürzer als der 2.; Finger und Zehen schlank und walzenförmig; Spitzen der Finger kaum, die der Zehen gar nicht verbreitert; Metatarsalhöcker fehlt. Bei nach vorn an den Körper angelegtem Hinterbein reicht das Tibiotarsalgelenk bis zum Vorderrand des Auges. Haut glatt. Oberseite rötlichbraun, mit spärlichen, dunkelbraunen Flecken auf den Rumpfseiten und den Gliedmaßen; eine dunkelbraune Binde vom Nasenloch durch das Auge zur Schulter; ein undeutlicher Fleck in jeder Weiche; Unterseite hellbräunlich, schwach braun gefleckt und genetzt. — L. 17 mm.

Queensland.

19. Gen. **Oxydactyla** Kampen

1913 *O.*, Kampen in: Nova Guinea, *v.* 9 p. 464.

Pupille horizontal. Zunge breit bandförmig, ganzrandig, hinten frei abhebbar. Gaumenzähne fehlen; vor dem Schlund 2 Gaumenfalten, von denen die hintere gezähnelt ist. Trommelfell undeutlich. Finger und Zehen frei, an den Spitzen nicht angeschwollen, mit knopfförmigen knöchernen Endphalangen; keine Schwimmhaut zwischen die Metatarsen der 4. und 5. Zehe eingreifend. Praecoracoide und Claviculae vorhanden, letztere gebogen und mit ihrem lateralen Ende die Scapula erreichend; Omosternum fehlt; Sternum klein, knorplig.

1 Art in Neuguinea.

1. **O. brevicrus** Kamp. 1913 *O. b.*, Kampen in: Nova Guinea, *v.* 9 p. 465 t. 11 f. 8.

Kopf breiter als lang, seine Breite gleich dem Abstand seiner vordersten Spitze von der Schulter und gleich $^2/_5$ der Kopfrumpflänge (Fig. 34). Vorderkopf gerundet, hoch, kürzer als das Auge, etwas vorspringend, mit gerundetem, aber deutlichem Canthus rostralis und etwas geneigter, fast flacher Zügelregion; Interorbitalraum breiter als ein oberes Augenlid; Trommelfell kaum sichtbar. 1. Finger kürzer als der 2.; Subarticularhöcker äußerst flach; medialer Metatarsalhöcker schwach ausgebildet. Bei nach vorn an den Körper angelegtem Hinterbein reicht das Tibiotarsalgelenk bis zur Schulter, das Tarsometatarsalgelenk bis zum Hinterrand des Auges. Haut glatt. Oben violett, schwach dunkel marmoriert, eine nach oben scharf begrenzte dunkle Längsbinde an den Kopf- und Rumpfseiten; Unterseite gelblich, braun marmoriert, besonders an der Kehle und den Gliedmaßen. — L. 24 mm.

Fig. 34.
Oxydactyla brevicrus Kamp.
(nach v. Kampen).

West-Neuguinea.

20. Gen. **Microbatrachus** J. Roux

1910 *M.*, J. Roux in: Abh. Senckenb. Ges., *v.* 33 p. 228 t. 14 f. 6, a, b (Mundhöhle Schultergürtel).

Pupille horizontal. Zunge annähernd dreieckig, ganzrandig, hinten frei abhebbar. Gaumenzähne fehlen; vor dem Schlundeingang 1 nach vorn schwach convexe, ungezähnelte Querfalte. Trommelfell unsichtbar. Finger und Zehen frei; Fingerspitzen stumpf, Zehenspitzen sehr schwach verbreitert; keine Schwimmhaut zwischen die Metatarsen der 4. und 5. Zehe eingreifend. Praecoracoide und Coracoide vorhanden; Omosternum fehlt, Sternum eine Knorpelplatte.

1 Art in der australischen Region.

1. **M. pusillus** J. Roux 1910 *M. p.*, J. Roux in: Abh. Senckenb. Ges., *v.* 33 p. 228 t. 14 f. 6, a, b (Habitus, Mundhöhle, Schultergürtel).

Körperform gedrungen, etwas abgeplattet. Kopf fast so lang wie breit. Vorderkopf kurz, vorn breit gerundet, so lang wie der Augendurchmesser, ohne Canthus rostralis; Interorbitalraum $1^2/_3$ mal so breit wie ein oberes Augenlid. Gliedmaßen verhältnismäßig kräftig; Finger und Zehen sehr schwach und sehr kurz, besonders der 1. und 2. Finger und die 1. Zehe; Subarticular- und Metatarsalhöcker fehlen. Bei nach vorn an den Körper angelegtem Hinterbein reicht das Tibiotarsalgelenk bis zum Hinterrand des Auges. Haut völlig glatt. Oberseite braun, auf Kopf und Vorderrücken etwas dunkler; Vorderbeine weißgrau, Hinterbeine gelbbraun; Unterseite gelblichweiß, an der Kehle dunkler mit kleinen hellen Fleckchen. — L. 7 mm.

Aru-Inseln.

21. Gen. **Liophryne** Boulenger

1897 *L.*, Boulenger in: Ann. nat. Hist., ser. 6 *v.* 19 p. 11.

Pupille horizontal. Zunge groß, länglich, hinten eingeschnitten und in hohem Maße frei abhebbar; 2 nach hinten konvergierende Reihen von Gaumenzähnen hinter der Verbindungslinie der Choanen; 2 quere Hautfalten vor dem Schlundeingang, von denen mindestens die hintere stark gezähnelt ist (Fig. 35); Trommelfell deutlich. Finger und Zehen frei, an den Spitzen schwach aufgetrieben; keine Schwimmhaut zwischen den Metatarsen der 4. und 5. Zehe. Praecoracoide vorhanden, sehr schlank; Omosternum fehlt; Sternum klein, knorplig. Querfortsätze des Sacralwirbels mäßig stark verbreitert.

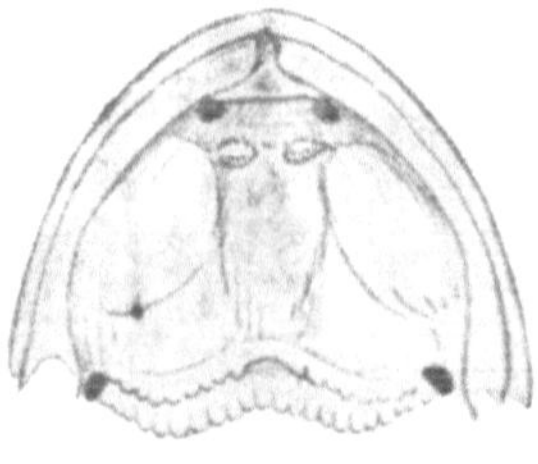

Fig. 35.
Liophryne rhododactyla Blgr. Gaumen (nach Boulenger).

3 Arten in Neuguinea.

Bestimmungstabelle der Arten:

1 { Bei nach vorn an den Körper angelegtem Hinterbein reicht das Tibiotarsalgelenk:
bis zum Auge, Haut völlig glatt . . . . 1. **L. rhododactyla**
nur bis zur Schulter — 2

2 { Trommelfell $^2/_3$—$^3/_4$ so breit wie das Auge; Rücken mit 1 Paar gebogenen Hautfalten . . . . 2. **L. brevipes**
Trommelfell $^1/_2$ so breit wie das Auge; Rücken glatt . 3. **L. kampeni**

1. **L. rhododactyla** Blgr. 1897 *L. r.*, Boulenger in: Ann. nat. Hist., ser. 6 *v.* 19 p. 11 t. 2 f. 2, a, b (Habitus, Mundhöhle, Zunge).

Kopf viel breiter als lang; Vorderkopf kürzer als der Augendurchmesser, abgerundet, mit stumpfem Canthus rostralis und vertiefter Zügelregion; Interorbitalraum etwas breiter als ein oberes Augenlid; Trommelfell $^2/_3$—$^3/_4$ so breit wie das Auge. Finger und Zehen ziemlich lang, abgeplattet; 1. Finger kürzer als der 2.; Subarticularhöcker wenig vorspringend; medialer

Metatarsalhöcker sehr undeutlich. Bei nach vorn an den Körper angelegtem Hinterbein reicht das Tibiotarsalgelenk bis zum Auge. Haut glatt. Dunkelviolettbraun, auf der Oberseite fein hochrot gesprenkelt, auf der Unterseite gelblich gefleckt; eine sehr undeutliche, feine helle Längslinie in der Rückenmitte; ein hochroter Fleck über dem After; Finger und Zehen oben hochrot. — L. 60 mm.

Neuguinea (Owen Stanley-Gebirge).

2. **L. brevipes** Blgr. 1897 *L. b.*, Boulenger in: Ann. nat. Hist., ser. 6 *v.* 19 p. 11.

Der vorigen Art sehr nahe stehend, unterscheidet sich von ihr durch viel kürzere Gliedmaßen mit kürzeren Fingern; bei nach vorn an den Körper angelegtem Hinterbein reicht das Tibiotarsalgelenk nur bis zur Schulter. Ein Paar gebogene Hautfalten reichen vom Hinterrand des Kopfes bis zwischen die Schultern. Oben graubraun, an den Rückenseiten rosa, Kopfseiten dunkelbraun; Bauch graulich, braun marmoriert, mit einer feinen hellen Längslinie; Kehle weinrot. — L. 22 mm.

Neuguinea (Owen Stanley-Gebirge).

3. **L. kampeni** Blgr. 1914 *L. k.*, Boulenger in: Tr. zool. Soc. London, *v.* 20 p. 252 t. 27 f. 4, a (Habitus, Mundhöhle).

Kopf viel breiter als lang; Vorderkopf kürzer als der Augendurchmesser, rundlich, mit stumpfem Canthus rostralis und schiefer, schwach vertiefter Zügelregion; Interorbitalraum so breit wie ein oberes Augenlid; Trommelfell etwa $^1/_2$ so breit wie das Auge. Finger und Zehen mäßig schlank, an den Spitzen zu kleinen Haftscheiben verbreitert; 1. Finger kürzer als der 2.; Subarticular- und Metatarsalhöcker wenig vorspringend. Bei nach vorn an den Körper angelegtem Hinterbein reicht das Tibiotarsalgelenk bis zur Schulter. Oben einfarbig dunkelbraun, unten hellbraun. — L. 58 mm.

West-Neuguinea.

22. Gen. **Asterophrys** Tschudi

1838 *A.*, Tschudi, Classif. Batr., p. 82 | 1882 *A.*, Boulenger, Cat. Batr. sal. Brit. Mus., ed. 2 p. 443.

Zunge groß, vollständig am Mundhöhlenboden angeheftet. Pupille? Gaumenzähne fehlen. Trommelfell unsichtbar. Vorder- und Hinterfuß ohne Schwimmhaut. Praecoracoide fehlen; Omosternum und Sternum? Querfortsätze des Sacralwirbels?

1 Art in Neuguinea.

1. **A. turpicola** (S. Müll.) 1837 *Ceratophrys t.*, S. Müller in: H. Schlegel, Abbild. Amph., p. 30 t. 10 f. 4 | 1838 *Asterophrys t.*, Tschudi, Classif. Batr., p. 82 | 1858 *Ceratophryne t.*, H. Schlegel, Handl. Dierk., *v.* 2 p. 57 | 1858 *Asterophrys t.*, Alb. Günther, Cat. Batr. sal. Brit. Mus., p. 37 | 1882 *A. t.*, Boulenger, Cat. Batr. sal. Brit. Mus., ed. 2 p. 444 | 1918 *A. t.*, Kampen in: Bijdr. Dierk., afl. 21 p. 54.

Fig. 36.
Asterophrys turpicola (S. Müll.) (nach Schlegel).

Kopf sehr groß, winkelig, dreieckig, mit stark gewölbtem, vorspringendem Vorderkopf. Oberer Rand des Augenlides mit einigen Hautanhängen (Fig. 36). Gliedmaßen mäßig lang. Finger und Zehen ohne Schwimmhaut. Oben im Leben grünlich, im Alkohol dunkelbraun; Unterseite auf hellerem Grunde dunkel marmoriert. — L. (nach Figur) c. 40 mm.

Neuguinea.

23. Gen. **Callulops** Boulenger

1888 *C.*, Boulenger in: Ann. nat. Hist., ser. 6 *v.* 1 p. 345.

Pupille vertical. Zunge länglich, ganzrandig, hinten und an den Seiten etwas frei abhebbar. Die Gaumenknochen bilden eine scharfe, mit einer Reihe kleiner Zähnchen besetzte Querleiste; eine gezähnelte Querfalte vor dem Schlundeingang. Trommelfell deutlich. Finger und Zehen frei, an den Spitzen zu kleinen Haftscheiben verbreitert, mit einfachen knöchernen Endphalangen; keine Schwimmhaut zwischen die Metatarsen der 4. und 5. Zehe eingreifend. Praecoracoide und Omosternum fehlen; Sternum knorplig. Querfortsätze des Sacralwirbels schwach verbreitert.

1 Art in Neuguinea.

1. **C. doriae** Blgr. 1888 *C. D.*, Boulenger in: Ann. nat. Hist., ser. 6 *v.* 1 p. 345.

Kopf ziemlich klein, viel breiter als lang, in der Stirn- und Hinterhauptgegend aufgewölbt; kein Canthus rostralis vorhanden; Interorbitalraum viel breiter als ein oberes Augenlid; Trommelfell viel größer als das kleine Auge. 1. und 2. Finger gleich lang; Zehen mäßig lang, medialer Metatarsalhöcker undeutlich. Bei nach vorn an den Körper angelegtem Hinterbein reicht das Tibiotarsalgelenk bis zur Schulter; Unterschenkel $^2/_5$ so lang wie Kopf und Rumpf zusammen. Haut glatt, auf dem Rücken dick und lederartig. Braun, an den Weichen und an den Seiten der Hintergliedmaßen gelblich, mit weitmaschigem, schwärzlichem Netzwerk. — L. 75 mm.

Neuguinea (Milne-Golf).

24. Gen. **Xenobatrachus** Peters & Doria

1878 *X.*, Peters & Doria in: Ann. Mus. Genova, *v.* 13 p. 432 | 1882 *X.*, Boulenger, Cat. Batr. sal. Brit. Mus., ed. 2 p. 172 | 1898 *Choanacantha*, Méhely in: Termés. Füzetek, *v.* 21 p. 175 1901 *Xenorhina* (non Peters 1863), Méhely in: Termés. Füzetek, *v.* 24 p. 231 t. 11 f. 1, 2 (Schädel) | 1918 *Xenobatrachus*, Kampen in: Bijdr. Dierk., afl. 21 p. 54.

Pupille horizontal. Zunge groß, rundlich, ganzrandig oder hinten eingebuchtet, hinten und an den Seiten frei abhebbar. Gaumenzähne fehlen, aber hinter jeder Choane 1 oder 2 Knochenstacheln (Fig. 37); 1 gezähnelte Querfalte vor dem Schlunde. Trommelfell mehr oder weniger deutlich. Finger und Zehen frei, an den Spitzen nur schwach aufgetrieben oder höchstens schwach verbreitert; keine Schwimmhaut zwischen die Metatarsen der 4. und 5. Zehe eingreifend. Praecoracoide und Omosternum fehlen; Sternum knorplig. Querfortsätze des Sacralwirbels mäßig stark verbreitert.

6 Arten in Neuguinea.

Bestimmungstabelle der Arten:

1 { 1 Knochenstachel hinter jeder Choane (Fig. 37) — 2
  { 2 Knochenstacheln hinter jeder Choane — 4

2 { Vorderkopf spitz vorgezogen, doppelt so lang wie der Augendurchmesser (Fig. 38) . . . . 1. **X. rostratus**
  { Vorderkopf so lang wie der Augendurchmesser — 3

3 { Bei nach vorn an den Körper angelegtem Hinterbein reicht das Tarsometatarsalgelenk:
  { weit über die Schnauzenspitze hinaus, Leistengegend und Oberschenkel ohne Augenflecke . . . . 2. **X. macrops**
  { bis zum Auge; je 1 heller, dunkelgesäumter Augenfleck an jeder der bezeichneten Stellen . . . . 3. **X. ocellatus**

4 { Bei nach vorn an den Körper angelegtem Hinterbein reicht das Tarsometatarsalgelenk:
höchstens bis zwischen Trommelfell und Auge . . . . . 4. **X. giganteus**
mindestens bis zur Schnauzenspitze — **5**

5 { Trommelfell so breit wie das Auge . . . . 5. **X. bidens**
Trommelfell $^1/_2$ so breit wie das Auge . . . . 6. **X. ophiodon**

1. **X. rostratus** (Méh.) 1898 *Choanacantha rostrata*, Méhely in: Termés. Füzetek, *v.* 21 p. 175 t. 12 f. 1—11 (Habitus, Zunge, Gaumen, Füße, Skeletteile) | 1898 *C. méhelyi*, Boulenger in: Ann. Mus. Genova, ser. 2 *v.* 18 p. 709 t. 8 f. 5, a (Habitus, Vorderfuß) | 1901 *Xenorhina rostrata*, Méhely in: Termés. Füzetek, *v.* 24 p. 233 t. 9 f. 10, t. 11 f. 1, 2 (Schädel) | 1911 *X. r.*, T. Vogt in: SB. Ges. Fr. Berlin, p. 420 | 1914 *X. r.*, Kampen in: Zool. Jahrb., Syst. *v.* 37 p. 373 | 1918 *Xenobatrachus rostratus*, Kampen in: Bijdr. Dierk., afl. 21 p. 54.

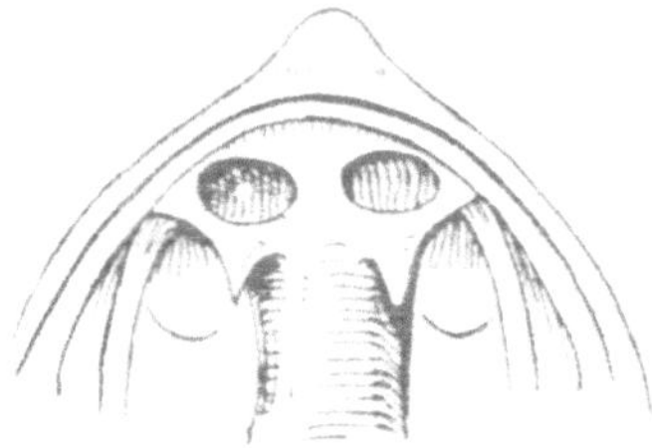

Fig. 37.
Xenobatrachus rostratus Méh.
Vordere Schädelhälfte von der Ventralseite (nach Méhely).

Hinter jeder Choane 1 großer Knochenstachel (Fig. 37). Körperform gedrungen. Kopf annähernd dreieckig, breiter als lang, etwa $^1/_2$ so lang wie der Rumpf; Vorderkopf kurz, schnabelartig vorgezogen (Fig. 38), stumpf zugespitzt, fast doppelt so lang wie der Augendurchmesser, mit undeutlichem Canthus rostralis und fast senkrecht abfallender Zügelregion; Interorbitalraum 2—3mal so breit wie ein oberes Augenlid; Trommelfell deutlich sichtbar, so breit wie das Auge. Finger und Zehen kurz, walzenförmig, an den Spitzen schwach verbreitert; 1. Finger etwas kürzer als der 2.; Subarticularhöcker sehr undeutlich, medialer Metatarsalhöcker kaum unterscheidbar, klein, rundlich. Bei nach vorn an den Körper angelegtem Hinterbein reicht das Tibiotarsalgelenk bei jungen Tieren bis zwischen Auge und Nasenloch, bei älteren Stücken noch nicht bis zum Auge. Haut glatt, mit wenigen, verstreuten kleinen Höckern auf der Oberseite und oft mit kleinen Wärzchen auf der Spitze des Vorderkopfes. Oberseite schieferfarbig oder braun, nach unten hin heller werdend, mit einer schwärzlichen Binde auf der Hinterseite der Oberschenkel; je ein feiner weißer Streifen längs der Mitte der ganzen Oberseite von Kopf und Rumpf, längs der Oberseite des Oberschenkels und längs der Lateralseite des Unterschenkels bis zu einem dunklen Fleck auf der Fußsohle; Unterseite gelblichweiß mit schieferfarbigen Punkten, die auf Kehle, Brust, Hand- und Fußsohle dichter stehen als am Bauch und unter den Schenkeln. — L. 47 mm.

Der sehr große (3,5 mm) Durchmesser der Eier läßt darauf schließen, daß die ganze Entwicklung im Ei durchlaufen wird.

Neuguinea.

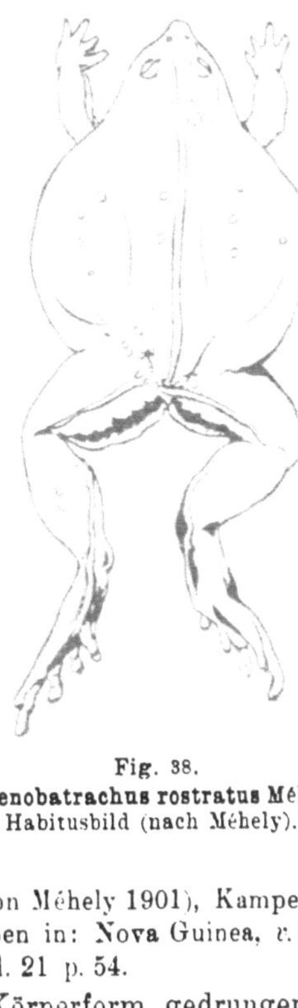

Fig. 38.
Xenobatrachus rostratus Méh.
Habitusbild (nach Méhely).

2. **X. macrops** (Kamp.) 1909 *Xenorhina rostrata* (non Méhely 1901), Kampen in: Nova Guinea, *v.* 9 p. 39 t. 2 f. 6 | 1913 *X. macrops*, Kampen in: Nova Guinea, *v.* 9 p. 460 | 1918 *Xenobatrachus m.*, Kampen in: Bijdr. Dierk., afl. 21 p. 54.

Hinter jeder Choane 1 großer Knochenstachel. Körperform gedrungen. Kopf klein, zugespitzt, breiter als lang; Vorderkopf so lang wie der Augendurchmesser, mit gerundetem Canthus rostralis und schief abfallender, vertiefter Zügelregion; Interorbitalraum doppelt so breit wie ein oberes Augenlid; Trommelfell mehr oder weniger deutlich, nicht ganz so breit wie das Auge. 1. Finger kürzer als der 2.; Finger und Zehen schlank, an den Spitzen angeschwollen; Subarticularhöcker und der längliche mediale Metatarsalhöcker schwach entwickelt. Bei nach vorn an den Körper angelegtem Hinterbein reicht das Tibiotarsalgelenk bis zum Auge, das Tarsometatarsalgelenk weit über das vordere Kopfende hinaus. Haut glatt, mit kleinen Warzen auf der Spitze des Vorderkopfes, zuweilen auch mit einer Falte zwischen den Hinterrändern der Augen. Bräunlichviolett; Rückenseiten mit weißen Fleckchen; Unterseite und Lippen hell marmoriert, Kehle fast einfarbig dunkel; After schwarz umsäumt. — L. 50 mm.

West-Neuguinea.

3. **X. ocellatus** (Kamp.) 1913 *Xenorhina ocellata*, Kampen in: Nova Guinea, *v.* 9 p. 461 t. 11 f. 4, 5 (Habitus, Kopf) | 1918 *Xenobatrachus ocellatus*, Kampen in: Bijdr. Dierk., afl. 21 p. 54.

Hinter jeder Choane 1 Knochenstachel. Körperform mehr oder weniger gedrungen. Kopf breiter als lang; Vorderkopf so lang wie der Augendurchmesser, mit gerundetem Canthus rostralis und schief abfallender, vertiefter Zügelregion; Interorbitalraum $1^1/_2$—2mal so breit wie ein oberes Augenlid; Trommelfell deutlich, so breit oder fast so breit wie das Auge. 1. Finger kürzer als der 2.; Finger und Zehen kurz, mit nicht oder kaum angeschwollenen Spitzen; Subarticularhöcker und medialer Metatarsalhöcker sehr schwach entwickelt. Bei nach vorn an den Körper angelegtem Hinterbein reicht das Tibiotarsalgelenk bis zur Schulter, das Tarsometatarsalgelenk bis zum Auge. Haut glatt, nur vorn auf der Kopfspitze mit kleinen Wärzchen besetzt. Bräunlich; Unterseite nicht marmoriert; um den After ein weißer, bläulichschwarz gesäumter Fleck; je 1 großer heller, dunkel geränderter Fleck in der Leistengegend und auf der Hinterseite der Oberschenkel. — L. 42 mm.

West-Neuguinea.

4. **X. giganteus** (Kamp.) 1915 *Xenorhina gigantea*, Kampen in: Nova Guinea, *v.* 13 p. 40 | 1918 *Xenobatrachus giganteus*, Kampen in: Bijdr. Dierk., afl. 21 p. 54.

Hinter jeder Choane 2 Knochenstacheln. Körperform gedrungen. Kopf doppelt so breit wie lang; Vorderkopf so lang wie das Augenlid, mit gerundetem Canthus rostralis und schief abfallender, vertiefter Zügelregion; Interorbitalraum 2—$2^1/_2$mal so breit wie ein oberes Augenlid; Trommelfell ziemlich deutlich, so breit wie ein Augendurchmesser. 1. Finger kürzer als der 2.; Finger- und Zehenspitzen schwach angeschwollen; Subarticularhöcker und medialer Metatarsalhöcker schwach entwickelt. Bei nach vorn an den Körper angelegtem Hinterbein reicht das Tarsometatarsalgelenk bis zur Achsel (♂) oder bis zwischen Trommelfell und Auge (♀). Haut äußerst fein gekörnelt. Bräunlichviolett; After nicht dunkel umsäumt; Bauchseite gelblich mit dunkelbrauner Marmorierung. — L. 86 mm.

West-Neuguinea.

5. **X. bidens** (Kamp.) 1909 *Xenorhina b.*, Kampen in: Nova Guinea, *v.* 9 p. 39 | 1918 *Xenobatrachus b.*, Kampen in: Bijdr. Dierk., afl. 21 p. 54.

Hinter jeder Choane 2 Knochenstacheln. Körperform gedrungen. Kopf klein, zugespitzt; Vorderkopf länger als der Augendurchmesser, mit gerundetem

Canthus rostralis und schief abfallender Zügelregion; Interorbitalraum doppelt so breit wie ein oberes Augenlid; Trommelfell undeutlich, so breit wie das Auge. 1. Finger kürzer als der 2.; Fingerspitzen etwas aufgetrieben; Zehen an der Basis durch Schwimmhaut verbunden, an der Spitze zu kleinen Haftscheiben verbreitert; Subarticularhöcker an den Fingern schwach entwickelt, an den Zehen undeutlich; Metatarsalhöcker sehr schwach entwickelt oder fehlend. Bei nach vorn an den Körper angelegtem Hinterbein reicht das Tibiotarsalgelenk bis zur Schulter oder bis zum Auge, das Tarsometatarsalgelenk bis über das vordere Kopfende hinaus. Haut glatt, an der Kopfspitze zuweilen mit kleinen Warzen besetzt. Oberseite dunkelbraun; ein dunkler Streifen längs des Canthus rostralis und einige dunkle Flecke auf Lippen und Gliedmaßen. Unterseite weiß, überall fein braun marmoriert. — L. 29 mm.

Neuguinea (Digulfluß).

6. **X. ophiodon** Ptrs. & Dor. 1878 *X. o.*, Peters & Doria in: Ann. Mus. Genova, *v.* 13 p. 432 t. 7 f. 5 | 1882 *X. o.*, Boulenger, Cat. Batr. sal. Brit. Mus., ed. 2 p. 172.

Hinter jeder Choane je 1 großer und 1 kleiner Knochenstachel. Kopf klein; Vorderkopf abgerundet. Trommelfell $^1/_2$ so groß wie das Auge. 1. Finger etwas kürzer als der 2.; Finger- und Zehenspitzen zu sehr kleinen Haftscheiben verbreitert; Metatarsalhöcker fehlen. Bei nach vorn an den Körper angelegtem Hinterbein reicht das Tibiotarsalgelenk fast bis zur Schnauzenspitze. Haut überall glatt, Oberseite braun, unregelmäßig schwärzlich gefleckt und marmoriert; Unterseite weißlich; Kehle und Brust mit braunem Netzwerk. — L. 26 mm.

Neuguinea.

25. Gen. **Xenorhina** Peters

1863 *X.*, Peters in: Monber. Ak. Berlin, p. 82 | 1882 *X.*, Boulenger, Cat. Batr. sal. Brit. Mus., ed. 2 p. 179 | 1901 *X.* (part.), Méhely in: Termés. Füzetek, *v.* 24 p. 231 | 1918 *X.*, Kampen in: Bijdr. Dierk., afl. 21 p. 54.

Unterscheidet sich von der vorigen Gattung nur durch das Fehlen der Knochenstacheln hinter den Choanen.

1 Art in Neuguinea.

1 **X. oxycephala** (Schl.) 1858 *Bombinator oxycephalus*, H. Schlegel, Handl. Dierk., *v.* 2 p. 58 t. 4 f. 74 | ? 1858 *Dendrobates o.*, Bleeker in: Natuurk. Tijdschr. Nederl. Ind., *v.* 16 p. 423 | 1863 *Xenorhina o.*, Peters in: Monber. Ak. Berlin, p. 82 | 1882 *X. o.*, Boulenger, Cat. Batr. sal. Brit. Mus., ed. 2 p. 179 | 1896 *X. atra*, Alb. Günther in: Nov. zool., *v.* 3 p. 184 | 1901 *X. oxycephala*, Méhely in: Termés. Füzetek. *v.* 24 p. 236 | 1914 *X. o.*, Kampen in: Zool. Jahrb., Syst. *v.* 37 p. 374 | 1918 *X. oxycephalus*, Kampen in: Bijdr. Dierk., afl. 21 p. 54.

Trommelfell mehr oder weniger deutlich. Finger an den Spitzen angeschwollen, Zehen zu kleinen, aber deutlichen Haftscheiben verbreitert. Bei nach vorn an den Körper angelegtem Hinterbein reicht das Tibiotarsalgelenk bis zum Auge, das Tarsometatarsalgelenk über die Vorderkopfspitze hinaus. Färbung sehr wechselnd: Rücken braun, lackrot oder grauviolett, manchmal mit einer hellen Längslinie in seiner Mitte; Seiten manchmal weiß, Kehle zuweilen grau-violett; Unterseite hellgrau, orangenfarbig oder steinrot, mit oder ohne dunkle Flecke. — L. 43 mm.

West-Neuguinea.

26. Gen. **Cophixalus** O. Boettger

1892 *C.*, O. Boettger, Kat. Batr. Mus. Senckenb., p. 24.

Pupille horizontal. Zunge sehr lang, breit bandförmig, hinten abgestutzt, aber nicht eingekerbt, im hinteren $^1/_3$ frei abhebbar. Gaumenzähne fehlen; vor dem Schlundeingang eine gefranste, quere Hautfalte; Tubae Eustachii unsichtbar; Trommelfell fehlt. Finger frei, Zehen durch Schwimmhaut verbunden, beide an den Spitzen zu großen Haftscheiben verbreitert. Praecoracoide fehlen, Coracoide schlank; Omosternum fehlt, Sternum eine unregelmäßig 5seitige Knochen- [?] Platte.

1 Art in Neuguinea.

1. **C. geislerorum** Boettg. 1892 *C. g.*, O. Boettger, Kat. Batr. Mus. Senckenb., p. 24.

Kopf niedergedrückt, wenig schmaler als der Rumpf; Vorderkopf abgestutzt, kürzer als der Augendurchmesser, mit wenig deutlichem Canthus rostralis und vertiefter Zügelregion; Interorbitalraum breiter als ein oberes Augenlid. 1. Finger kürzer als der 2.; Finger und Zehen verhältnismäßig kurz, mit querovalen, vorn etwas abgestutzten Haftscheiben; Zehen mit deutlicher Schwimmhaut; Subarticularhöcker wenig deutlich; medialer Metatarsalhöcker schwach, seitlich zusammengedrückt. Bei nach vorn an den Körper angelegtem Hinterbein erreicht das Tibiotarsalgelenk die Armwurzel, der Metatarsalhöcker kaum den Vorderrand des Auges. Haut glatt, nur am Bauch deutlich, unter den Oberschenkeln undeutlich gekörnelt. Schwarzbraun, an den Seiten und auf den Gliedmaßen mit vielen kleinen und einzelnen größeren gelben Punkten und Flecken; je 1 heller Fleck rechts und links der Sacralgegend deutlicher; eine beiderseits ziemlich scharf begrenzte weiße Binde zieht vom Hinterrand des Auges bogenförmig zur Armwurzel; Carpalgelenk mit hellem Ring. Unterseite gelblichweiß, an der Kehle, auf der Hinterseite der Oberschenkel, auf der Hand- und Fußsohle fein braun bestäubt. — L. 26 mm.

Nord-Neuguinea.

27. Gen. **Copiula** Méhely

1898 *Phrynixalus* (non Boettger 1895), Boulenger in: P. zool. Soc. London, p. 480 | 1901 *Copiula*, Méhely in: Termés. Füzetek, *v.* 24 p. 242 t. 8 (Schädel u. Skeletteile), t. 10 f. 6 (Endphalange).

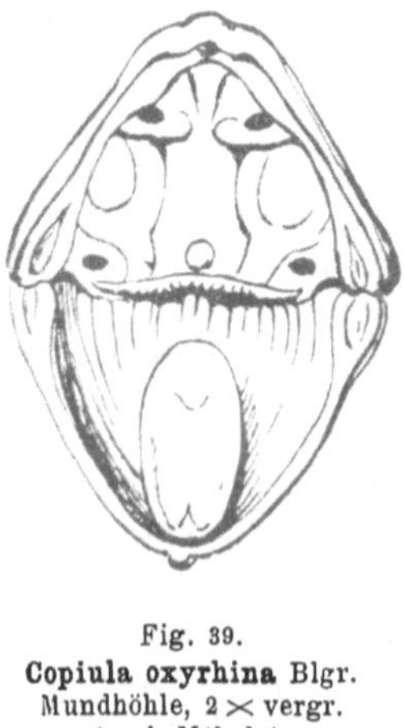

Fig. 39.
Copiula oxyrhina Blgr. Mundhöhle, 2 × vergr. (nach Méhely).

Pupille horizontal. Zunge verhältnismäßig klein, länglich elliptisch, ganzrandig, hinten frei abhebbar. Gaumenzähne fehlen, aber hinter jeder Choane eine kurze, stark vorspringende, schwach konkave Leiste (Fig. 39); vor dem Schlundeingang eine lange gezähnelte Querfalte; Trommelfell scharf hervortretend. Finger und Zehen frei, am Ende zu kleinen Haftscheiben verbreitert, mit T-förmigen knöchernen Endphalangen. Praecoracoide und Omosternum fehlen, Coracoide schräg gestellt und am medialen Ende ziemlich verbreitert; Sternum eine ankerförmige Knorpelplatte. Querfortsätze des Sacralwirbels ziemlich verbreitert.

1 sichere und eine unsichere Art in Neuguinea.

1. **C. oxyrhina** (Blgr.) 1898 *Phrynixalus oxyrhinus*, Boulenger in: P. zool. Soc. London, p. 480 t. 38 f. 3 | 1901 *Copiula oxyrhina*, Méhely in: Termés. Füzetek, v. 24 p. 243 t. 8 f. 1—6, t. 10 f. 6 (Mundhöhle, Skeletteile) | 1906 *C. o.*, Kampen in: Nova Guinea, v. 5 p. 168 | 1909 *C. o.*, Kampen in: Nova Guinea, v. 9 p. 41.

Kopf so lang wie breit. Vorderkopf spitz, stark vorspringend, mit rundlichem Canthus rostralis und fast senkrecht abfallender Zügelregion; Interorbitalraum doppelt so breit wie ein oberes Augenlid; Trommelfell $^1/_2$—$^3/_4$ so groß wie das Auge. 1. Finger kürzer als der 2.; Finger- und Zehenspitzen zu kleinen, aber gut entwickelten Haftscheiben verbreitert; Subarticularhöcker und der ovale mediale Metatarsalhöcker wenig vorspringend. Bei nach vorn an den Körper angelegtem Hinterbein reicht das Tibiotarsalgelenk bis zwischen Auge und Nasenloch. Haut glatt oder auf dem Rücken schwach gekörnelt. Oben hellgrau oder braun, einfarbig oder dunkelbraun gefleckt oder marmoriert, besonders an den Seiten; Kopfseiten dunkelbraun; Weichen und Hinterseite der Oberschenkel weißlich, schwarz gefleckt oder marmoriert; Unterseite weiß, Kehle und Unterseite der Schenkel oft braun bestäubt. — L. 37 mm.

Neuguinea.

?**C. rostellifer** Wandoll. 1911 *C.? r.*, Wandolleck in: Abh. Mus. Dresden, v. 13 nr. 6 p. 11 f. A, B.

Neuguinea.

28. Gen. **Hylophorbus** W. MacLeay

1878 *H.*, W. MacLeay in: P. Linn. Soc. N. S. Wales, v. 2 p. 136 | 1895 *Phrynixalus*, O. Boettger in: Zool. Anz., v. 18 p. 133 | 1897 *Mantophryne*, Boulenger in: Ann. nat. Hist., ser. 6 v. 19 p. 12 | 1898 *M.* (part.), Boulenger in: P. zool. Soc. London, p. 480 | 1901 *Phrynixalus*, O. Boettger in: Abh. Senckenb. Ges., v. 25 p. 368 t.f. 9c (Mundhöhle) | 1901 *Mantophryne* + *Gnathophryne* + *Metopostira*, Méhely in: Termés. Füzetek, v. 24 p. 219, 225, 238 t. 4, 5, t. 6 f. 1—3, t. 7 f. 1—5, t. 10 f. 5 (Skeletteile) | 1913 *Hylophorbus*, Fry in: Mem. Queensl. Mus., v. 2 p. 48 | 1918 *H.*, Kampen in: Bijdr. Dierk., afl. 21 p. 53.

Pupille horizontal. Zunge groß, oval, hinten mehr oder weniger weit frei abhebbar. Gaumenzähne fehlen, 2 quere Hautfalten vor dem Schlundeingang, von denen die hintere gezähnelt ist. Trommelfell sichtbar. Finger und Zehen frei, an den Spitzen zu Haftscheiben verbreitert, mit T-förmigen knöchernen Endphalangen. Praecoracoide und Omosternum fehlen; Sternum eine Knorpelplatte. Querfortsätze des Sacralwirbels ziemlich stark verbreitert.

9 Arten in der indoaustralischen Region.

Bestimmungstabelle der Arten:

1	Bei nach vorn an den Körper angelegtem Hinterbein reicht das Tibiotarsalgelenk: mindestens bis zum Auge — 2	
	höchstens bis zum Trommelfell — 7	
2	Trommelfell mindestens $^1/_2$ so breit wie das Auge; Interorbitalraum so breit wie ein oberes Augenlid — 3	
	Trommelfell weniger als $^1/_2$ so breit wie das Auge; Interorbitalraum breiter als ein oberes Augenlid — 5	
3	Trommelfell $^1/_2$—$^3/_4$ so breit wie das Auge; Rückenhaut gekörnelt, warzig oder pustelig — 4	
	Trommelfell so breit wie das Auge; Haut glatt oder mit Längsfalten auf dem Rücken	1. **H. rufescens**
4	Haftscheiben groß, dreieckig; Rücken glatt, Kopf und Rumpfseiten mit Pusteln besetzt	7. **H. boettgeri**
	Haftscheiben klein, Oberseite fein gekörnelt und auf dem Rücken und auf den Rumpfseiten mit Warzen besetzt .	5. **H. ocellatus**

5	Haftscheiben nur an den Zehen ausgebildet	8. **H. dubius**
	Haftscheiben an Fingern und Zehen gut entwickelt — **6**	
6	Vorderkopf kürzer als der Augendurchmesser; Interorbitalraum etwas breiter als ein oberes Augenlid	9. **H. montanus**
	Vorderkopf länger als der Augendurchmesser; Interorbitalraum doppelt so breit wie ein oberes Augenlid (Fig. 40) .	4. **H. biroi**
7	Interorbitalraum so breit wie ein oberes Augenlid	6. **H. robustus**
	Interorbitalraum doppelt so breit wie ein oberes Augenlid — **8**	
8	Rückenhaut glatt	2. **H. microtis**
	Rücken mit mehreren Warzenreihen	3. **H. neuhaussi**

1. **H. rufescens** W. McLeay 1878 *H. r.*, W. MacLeay in: P. Linn. Soc. N. S. Wales, *v.* 2 p. 136 | 1897 *Mantophryne lateralis*, Boulenger in: Ann. nat. Hist., ser. 6 *v.* 19 p. 12 t. 2 f. 3 | 1901 *M. l.*, Méhely in: Termés. Füzetek, *v.* 24 p. 220 t. 4, 5 (Schädel, Skeletteile) t. 10 f. 4 | 1913 *Hylophorbus rufescens*, Fry in: Mem. Quensl. Mus., *v.* 2 p. 48.

Kopf annähernd dreieckig, etwas breiter als lang. Vorderkopf stumpf zugespitzt, kürzer als der Augendurchmesser, mit deutlichem Canthus rostralis und fast senkrecht abfallender, vertiefter Zügelregion; Interorbitalraum so breit wie ein oberes Augenlid; Trommelfell so groß wie das Auge. 1. Finger kürzer als der 2.; Finger und Zehen ziemlich lang und schlank, mit kleinen Haftscheiben und starken Subarticularhöckern; medialer Metatarsalhöcker schwach, oval. Bei nach vorn an den Körper angelegtem Hinterbein reicht das Tibiotarsalgelenk bis zum Auge. Haut glatt; eine feine Hautfalte längs der Rückenmitte, zuweilen noch weitere Falten längs des Rückens; Kinn manchmal mit 1 Paar mehr oder weniger deutlichen Warzen. Oben grau oder braun mit kleinen schwärzlichen Flecken; ein dunkler Fleck unter jedem Auge; ein breiter, schwarzer Streifen jederseits vom Auge zur Weiche und auf der Hinterseite eines jeden Oberschenkels. Unterseite bräunlich, schwärzlich punktiert und gefleckt. — L. 43 mm.

♂ mit großer Schallblase. Der große Durchmesser noch unreifer Eier — 4,3 —5 mm — läßt darauf schließen, daß die ganze Entwicklung im Ei durchlaufen wird.

Neuguinea.

2. **H. microtis** (Wern.) 1901 *Mantophryne m.*, F. Werner in: Zool. Anz., *v.* 24 p. 102.

Kopf breiter als lang, abgerundet dreieckig, $2^1/_2$ mal so lang wie breit; Vorderkopf abgestutzt, mit undeutlichem Canthus rostralis und schief abfallender, etwas vertiefter Zügelregion, kürzer als der Augendurchmesser; Interorbitalraum doppelt so breit wie ein oberes Augenlid; Trommelfell undeutlich, wenig breiter als $^1/_3$ Augendurchmesser. 1. Finger kürzer als der 2.; die mäßig langen Finger mit kaum erkennbaren, die langen, schlanken Zehen mit deutlichen, kleinen Haftscheiben; Subarticularhöcker sehr undeutlich; medialer Metatarsalhöcker klein, elliptisch, abgeplattet. Bei nach vorn an den Körper angelegtem Hinterbein erreicht das Tibiotarsalgelenk den Vorderrand des Trommelfells. Haut oben und unten glatt, an den Seiten mit kleinen, pustelartigen Höckern besetzt, die auch sehr undeutlich auf dem Rücken auftreten; eine Hautfalte zieht vom Hinterrand des Auges zum Vorderrand des Trommelfells, eine andere oberhalb des letzteren hinweg zum Mundwinkel. Oberseite dunkelolivengrün, Vorderkopf und obere Augenlider schwärzlich; Seiten und Hinterbeine mit vereinzelten weißen Punkten; Unterseite grünlichgelb. — L. 56 mm.

N. O. Neuguinea.

3. **H. neuhaussi** (T. Vogt) 1911 *Mantophryne n.*, T. Vogt in: SB. Ges. Fr. Berlin, p. 425.

Vorderkopf kurz, schräg nach unten abgestutzt; Interorbitalraum doppelt so breit wie ein oberes Augenlid. 1. und 2. Finger fast gleichlang. Trommelfell fast so breit wie das Auge. Finger und Zehen mit kleinen, aber deutlichen Haftscheiben. Bei nach vorn an den Körper angelegtem Hinterbein reicht das Tibiotarsalgelenk bis zum Trommelfell. Haut rauh, mit mehreren Längsreihen großer Warzen; eine Hautfalte zieht vom hinteren Augenwinkel an oberhalb des Trommelfells hin bis zur Achsel. Rücken hellbraun. Hinterrücken und Gliedmaßen schwarzbraun, in der Leistengegend, an der Hinterseite der Oberschenkel und an der Lateralseite der Unterschenkel mit großen hellgelben Flecken; Unterseite fahlbraun. — L. 65 mm.

Sattelberg in Neuguinea.

4. **H. biroi** (Méh.) 1901 *Phrynixalus B.*, Méhely in: Termés. Füzetek. v. 24 p. 247 t. 12 f. 2 (Habitusbild), t. 9 f. 1—5 (Eier mit Embryonen), t. 11 f. 3—5 (Gaumen, Schädel) | 1918 *Hylophorbus B.*, Kampen in: Bijdr. Dierk., afl. 21 p. 54.

Kopf fast so breit wie lang, $^1/_2$ so lang wie der Rumpf (Fig. 40); Vorderkopf kurz, etwas länger als der Augendurchmesser, stumpf abgestutzt,

Fig. 40. **Hylophorbus biroi** (Méh.). Habitusbild.

Fig. 41. **Hylophorbus biroi** (Méh.). Stück einer Eierschnur mit Embryonen (nach Méhely).

mit scharfem Canthus rostralis und fast senkrecht abfallender Zügelregion; Interorbitalraum doppelt so breit wie ein oberes Augenlid; Trommelfell nicht sehr deutlich, etwa $^1/_3$ so breit wie das Auge. 1. Finger bedeutend kürzer als der 2.; 3. Zehe länger als die 5.; Finger und Zehen frei, an den Spitzen zu verhältnismäßig großen Haftscheiben verbreitert, die an den Fingern 3mal, an den Zehen doppelt so breit sind wie das vorhergehende Glied; Subarticularhöcker undeutlich; medialer Metatarsalhöcker groß, länglich, aber ziemlich undeutlich. Bei nach vorn an den Körper angelegtem Hinterbein erreicht das

Tibiotarsalgelenk den vorderen Augenwinkel. Haut glatt, am Hinterbauch schwach gekörnelt, mit einer feinen Hautleiste längs der Mitte der ganzen Oberseite. Oben schmutzig hellrosa, fein und ziemlich dicht rotbraun punktiert; ein vom Vorderkopf unter dem Auge und über das Trommelfell hinweg bis zur Mitte oder dem hinteren Drittel der Rumpfseiten ziehender Streifen schwarzbraun. Unterseite rötlich buttergelb, an Kehle und Vorderbrust schwarzbraun, weiter hinten fein schwarzbraun punktiert. — L. 33 mm.

Die Entwicklung wird völlig im Ei durchlaufen (Fig. 41). Die 6 mm Durchmesser besitzenden Eier werden zu 12—18 in gemeinsamer, wurstförmiger, gelatinöser Hülle im Wasser abgelegt. Den Embryonen dient an Stelle der fehlenden Kiemen der stark vascularisierte Schwanz als Atmungsorgan; Vorder- und Hintergliedmaßen entwickeln sich gleichzeitig.

Sattelberg in Neuguinea.

5. **H. ocellatus** (Méh.) 1901 *Metopostira ocellata*, Méhely in: Termés. Füzetek, *v.* 24 p. 239 t. 7 f. 1—6 (Skeletteile, Schallblase des ♂), t. 12 f. 1 | 1906 *M. macra*, Kampen in: Nova Guinea, *v.* 5 p. 167 t. 6 f. 1, 2 (Habitus, Kopf) | 1909 *M. ocellata*, Kampen ibid, *v.* 9 p. 40 | 1913 *M. o.*, Kampen ibid., p. 461 | 1914 *M. o.*, Kampen in: Zool. Jahrb., Syst. *v.* 37 p. 375 | 1918 *Hylophorbus ocellatus*, Kampen in: Bijdr. Dierk., afl. 21 p. 40.

Kopf fast dreieckig, etwas breiter als lang; Vorderkopf stumpf zugespitzt, kurz und hoch, an der Spitze breit abgerundet, fast abgestutzt, deutlich kürzer als der Augendurchmesser, mit rundlichem Canthus rostralis und fast senkrecht abfallender, vertiefter Zügelregion; Interorbitalraum so breit wie ein oberes Augenlid; Trommelfell deutlich, $^1/_2$—$^3/_4$ so breit wie das Auge. 2. Finger länger als der 1., aber kürzer als der 4.; Finger und Zehen lang, schlank, mit kleinen Haftscheiben, die an den Zehen größer sind als an den Fingern; Subarticularhöcker kräftig, medialer Metatarsalhöcker länglich oval, $^1/_2$ so lang wie die 1. Zehe. Bei nach vorn an den Körper angelegtem Hinterbein reicht das Tibiotarsalgelenk bis zum Nasenloch oder bis zur Kopfspitze. Haut oben fein gekörnelt, auf Rücken und Rumpfseiten mit meist kleinen, mitunter in Längsreihen angeordneten Wärzchen besetzt; eine feine Hautleiste zieht jederseits von der Kopfspitze zum After; Bauch glatt. Im Leben grünlichbraun (im Alkohol rotbraun), mit zahlreichen roten Flecken am Rumpf und mit je 1 großen schwarzroten Augenfleck an jeder Lende; Oberschenkel hinten und unten, besonders in der vorderen Hälfte rotbraun marmoriert, Kinn und Unterkieferrand hell gefleckt. — L. 42 mm.

♂ mit starker innerer Schallblase. In den in geringer Zahl abgelegten verhältnismäßig großen Eiern von 3 mm Durchmesser durchläuft die Brut wahrscheinlich die ganze Entwicklung.

Neuguinea.

6. **H. robustus** (Blgr.) 1898 *Mantophryne robusta*, Boulenger in: P. zool. Soc. London, p. 480 t. 38 f. 4 | 1901 *Gnathophryne r.*, Méhely in: Termés. Füzetek, *v.* 24 p. 225 t. 6 f. 1—3 (Schädel), t. 9 f. 6—9 (Eier und Embryonen) | 1918 *Hylophorbus robustus*, Kampen in: Bijdr. Dierk., afl. 21 p. 54.

Kopf etwa dreieckig, viel breiter als lang, Vorderkopf stumpfspitzig, vorspringend, kürzer als der Augendurchmesser, mit undeutlichem Canthus rostralis und schief abfallender, schwach vertiefter Zügelregion; Interorbitalraum so breit wie ein oberes Augenlid; Trommelfell etwa $^2/_3$ so breit wie das Auge. 1. Finger etwas kürzer als der 2.; Finger und Zehen ziemlich kurz, mit kleinen Haftscheiben und schwach vorspringenden Subarticularhöckern; medialer Metatarsalhöcker oval, wenig vorspringend. Bei nach vorn an den Körper angelegtem Hinterbein reicht das Tibiotarsalgelenk bis zur Schulter oder bis zum Trommelfell. Haut glatt, glänzend; eine starke Hautfalte zieht vom Auge zur Schulter. Oben rötlich- oder violettbraun, einfarbig oder mit kleinen schwarzen Flecken; Unterseite hellbraun. — L. 71 mm.

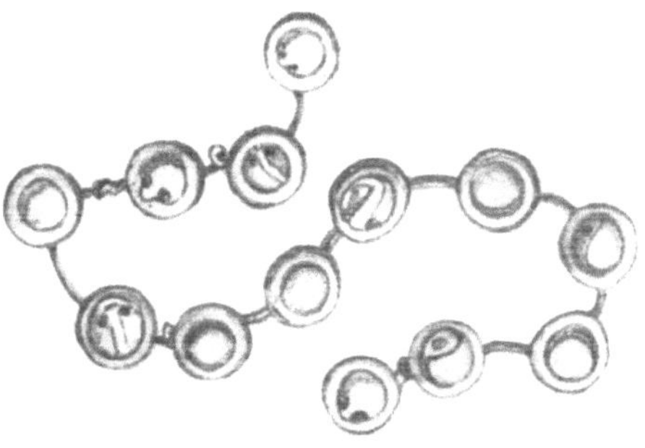

Fig. 42.

Fig. 43.

Hylophorbus robustus Blgr. Fig. 42 Eierschnur, Fig. 43 einzelnes Ei mit Embryo, stark vergr. (nach Méhely).

Die perlschnurartig aneinander hängenden Eier (Fig. 42) von 7 mm Durchmesser werden in einem Haufen abgelegt, der vom ♂ mit den Armen umfaßt und bewacht wird. Die ganze Entwicklung wird im Ei durchlaufen; an Stelle der fehlenden Kiemen dient der sehr große, reichlich mit Blutgefäßen ausgestattete Schwanz den Embryonen als Atmungsorgan (Fig. 43).

Neuguinea.

7. **H. boettgeri** (Méh.) 1901 *Phrynixalus montanus* (part.), O. Boettger in: Abh. Senckenb. Ges., *v.* 25 p. 368 | 1901 *Gnathophryne Boettgeri,* Méhely in: Termés. Füzetek, *v.* 24 p. 229.

Körperform sehr gedrungen. Kopf mittelgroß; Vorderkopf kurz und hoch, nach vorn plötzlich verschmälert, am Ende breit abgerundet, kürzer als der Augendurchmesser, mit rundlichem Canthus rostralis; Interorbitalraum so breit wie ein oberes Augenlid; Trommelfell ziemlich deutlich, etwa $^1/_2$ so breit wie das Auge. 1. Finger viel kürzer als der 2.; Finger und Zehen lang und schlank, mit großen dreieckigen Haftscheiben; Subarticularhöcker und medialer Metatarsalhöcker schwach entwickelt. Bei nach vorn an den Körper angelegtem Hinterbein reicht das Tibiotarsalgelenk fast bis zum Nasenloch. Haut glatt, auf den Augenlidern, dem Hinterkopf, den Schultern und Rumpfseiten mit kleineren und größeren Pusteln. Oberseite zimmtbraun, mit einer gelblichweißen Längslinie in der Rückenmitte; Rumpf und Gliedmaßen oben schwarz gefleckt; Kopf- und Rumpfseiten rotbraun gefleckt; Unterseite hellbraun, außer am Bauch kastanienbraun gefleckt. — L. 39 mm.

Insel Halmaheira (Molukken).

8. **H. dubius** (Boettg.) 1895 *Xenorhina dubia*, O. Boettger in: Zool. Anz., *v.* 18 p. 134 | 1901 *X. d.*, O. Boettger in: Abh. Senckenb. Ges., *v.* 25 p. 369 t. 16 f. 10a—c (Habitus, Kopf, Mundhöhle) | 1901 *Gnathophryne d.*, Méhely in: Termés. Füzetek, *v.* 24 p. 231.

Körper gedrungen. Kopf breiter als lang, mit einer Längsrinne in der Parietalgegend; Vorderkopf stumpf dreieckig, vorn etwas zugespitzt, so lang wie oder kürzer als der Augendurchmesser; Interorbitalraum $1^1/_2$ mal so breit wie ein oberes Augenlid; Trommelfell undeutlich, fast $^2/_5$ so breit wie das Auge. Finger mäßig lang; 1. Finger kürzer als der 2.; Fingerspitzen stumpf, ohne Haftscheiben; Zehen lang, an den Spitzen zu kleinen Haftscheiben verbreitert; Subarticularhöcker schwach entwickelt; medialer Metatarsalhöcker schwach, zusammengedrückt. Bei nach vorn an den Körper angelegtem Hinterbein reicht das Tibiotarsalgelenk bis zur Augenmitte. Haut glatt, zuweilen an den Körperseiten schwach gerunzelt; eine schiefe Hautfalte über dem Trommelfell. Oben schwarzgrau, einfarbig oder undeutlich hell gefleckt und marmoriert; Gliedmaßen mit wenigen, undeutlichen, weißgrauen Binden, Querflecken und Ringen; Unterseite braungelb mit kastanienbrauner Netzzeichnung oder kastanienbraun mit braungelber Marmorierung und Rundfleckenzeichnung; Finger und Zehen hell mit dunkler Ringelung. — L. 24 mm.

Insel **Halmaheira** (Molukken).

9. **H. montanus** (Boettg.) 1895 *Phrynixalus m.*, O. Boettger in: Zool. Anz., *v.* 18 p. 133 | 1901 *P. m.* (part.), O. Boettger in: Abh. Senckenb. Ges., *v.* 25 p. 368 t. 16 f. 9, a, b (Habitus, Kopf, Mundhöhle) | 1901 *P. m.*, Méhely in: Termés. Füzetek, *v.* 24 p. 251.

Körper gedrungen. Kopf breiter als lang, fast so breit wie der Rumpf; Vorderkopf stumpf zugespitzt, kürzer als der Augendurchmesser, mit rundlichem Canthus rostralis und vertiefter Zügelregion; Interorbitalraum breiter als ein oberes Augenlid; Trommelfell wenig deutlich, $^1/_3$—$^2/_5$ so breit wie das Auge. Finger und Zehen lang, abgeplattet, an den Spitzen zu sehr großen, dreieckigen Haftscheiben verbreitert, die an den Fingern erheblich größer und breiter sind als an den Zehen, die größte ist etwa $^1/_2$ so groß wie das Trommelfell; 1. Finger viel kürzer als der 2.; Subarticularhöcker sehr schwach entwickelt; medialer Metatarsalhöcker schwach, länglich, zusammengedrückt. Bei nach vorn an den Körper angelegtem Hinterbein reicht das Tibiotarsalgelenk zwischen Auge und Nasenloch. Haut leicht gerunzelt und besonders an den Körperseiten warzig; Unterseite glatt, nur am Hinterbauche leicht gekörnelt. Im Leben moosgrün mit hellbraunem Rückenstreifen, im Alkohol rötlichbraun, zuweilen mit silberweißem Rückenstreifen, schwärzlich gefleckt und marmoriert; ein dreieckiger, mit der Spitze nach hinten gerichteter Fleck und eine breite W-förmige Zeichnung auf dem Vorderrücken schwärzlich; Gliedmaßen dunkel gefleckt, aber ohne deutliche Querbinden; Finger und Zehen gelb, schwärzlich geringelt; Unterseite braungelb, an Kehle, Brust und Oberschenkeln schwärzlich gepudert und gefleckt. — L. 39 mm.

Insel **Halmaheira** (Molukken).

29. Gen. **Choerophryne** Kampen

1914 *C.*, Kampen in: Zool. Jahrb., Syst. *v.* 37 p. 376.

Pupille horizontal. Zunge klein, länglich, hinten schwach eingeschnitten, hinten und an den Seiten frei abhebbar. Gaumenzähne und -leisten fehlen, aber 2 gezähnelte Gaumenfalten vorhanden. Trommelfell deutlich. Finger und Zehen mit großen Haftscheiben, mit T-förmigen knöchernen Endphalangen; keine Schwimmhaut zwischen den Metatarsen der 4. und 5. Zehe. Praecoracoide und Claviculae fehlen.

1 Art in Neuguinea.

1. **C. proboscidea** Kamp. 1914 *C. p.*, Kampen in: Zool. Jahrb., Syst. *v.* 37 p. 376.

Kopf klein, $^1/_2$ so lang wie der übrige Rumpf. Vorderkopf sehr lang und spitz, stark über den Unterkiefer vorspringend, $1^1/_2$ mal so lang wie ein oberes Augenlid, mit gerundetem Canthus rostralis; Interorbitalraum $2^1/_2$ mal so breit wie ein oberes Augenlid; Trommelfell dicht hinter dem Auge, $^2/_3$ so breit wie dieses. 1. Finger kürzer als der 2.; 5. Zehe etwas länger als die 3.; Haftscheiben der Finger (außer am 1. Finger) und der Zehen so groß wie das Trommelfell; Subarticularhöcker und medialer Metatarsalhöcker schwach entwickelt. Bei nach vorn an den Körper angelegtem Hinterbein reicht das Tibiotarsalgelenk bis zum Trommelfell. Oberseite grob warzig, Bauch und Unterseite der Oberschenkel körnig. Oberseite bräunlich, mit verschwommenen dunklen Flecken auf dem Rücken und Querbinden auf den Gliedmaßen; ein heller, schwarz umränderter Fleck in der Sacralgegend; Unterseite weiß getüpfelt. — L. 19 mm.

West-Neuguinea.

30. Gen. **Pomatops** Barbour

1910 *P.*, Barbour in: P. biol. Soc. Washington, *v.* 23 p. 89 t. 1.

Pupille groß, rund. Zunge länger als breit, ganzrandig, an den Seiten und hinten zu beträchtlichem Maße frei abhebbar. Gaumenzähne fehlen, aber 2 gebogene, gezähnelte Querfalten im Schlundeingang. Trommelfell unsichtbar. Augenlider klappenartig seitlich vorspringend, vorn und hinten über das Auge hinausragend (Fig. 44). Finger und Zehen völlig frei, an den Spitzen nur wenig verbreitert, mit T-förmigen knöchernen Endphalangen. Praecoracoide und Omosternum fehlen, Sternum klein und knorplig. Querfortsätze des Sacralwirbels kaum verbreitert.

1 Art in Neuguinea.

1. **P. valvifera** Barb. 1910 *P. v.*, Barbour in: P. biol. Soc. Washington, *v.* 23 p. 89 t. 1 f. 1—7 (Habitus, Kopf von der Seite, Füße, Mundhöhle, Schultergürtel).

Fig. 44. **Pomatops valvifera** Barb. Kopf mit hochgeklapptem Augenlid (nach Barbour).

Körperform ziemlich schlank. Kopf kurz; Vorderkopf nicht vorspringend; Mund ziemlich klein. Gliedmaßen mäßig lang. 1. Finger kürzer als der 2.; 1. Zehe kürzer als die 5.; Subarticularhöcker sehr undeutlich; Metatarsalhöcker fehlen. Bei nach vorn an den Körper angelegtem Hinterbein reicht das Tibiotarsalgelenk bis zum Hinterrand des Auges. Haut glatt. Oberseite von Rumpf und Gliedmaßen schiefergrau mit heller Marmorierung; Unterseite hell und dunkel ockerfarbig. — L. 29 mm.

West-Neuguinea.

31. Gen. **Engystoma** Fitzinger

1799 *Rana* (part.), J. G. Schneider, Hist. Amph., *v.* 1 p. 111 | 1803 *Bufo* (part.), Daudin, Hist. Rainett., p. 71 | 1803 *B.* (part.), Daudin, Hist. Rept., *v.* 8 p. 137 | 1820 *Rana* (part.), Merrem, Versuch Syst. Amph., p. 174 | 1826 *Engystoma* (part.), Fitzinger, Classif. Rept., p. 65 | 1828 *Microps*, Wagler in: Isis, *v.* 21 p. 744 | 1829 *Engystoma* (part.), G. Cuvier, Règne an., ed. 2 *v.* 2 p. 112 | 1830 *Microps*, Wagler, Syst. Amph., p. 200 | 1838 *Stenocephalus*, Tschudi, Classif. Batr., p. 86 | 1841 *Engystoma* (part.), C. Duméril & G. Bibron, Erpét., *v.* 8 p. 738 | 1843 *Gastrophryne*, Fitzinger, Syst. Rept.,

p. 33 | 1858 *Engystoma,* Alb. Günther, Cat. Batr. sal. Brit. Mus., p. 51 | 1867 *E.* (part.) + *Systoma* (part.), E. D. Cope in: J. Ac. Philad., ser. 2 *v.* 6 p. 194 | 1882 *E.*, Boulenger, Cat. Batr. sal. Brit. Mus., ed. 2 p. 160 | 1889 *E.*, E. D. Cope in: Bull. U. S. Mus., *v.* 34 p. 385 | 1900 *E.*, Alb. Günther in: Biol. Centr. Amer., Rept. Batr. p. 209 | 1910 *Gastrophryne,* Stejneger in: P. biol. Soc. Washington, *v.* 23 p. 166.

Pupille vertical. Zunge elliptisch, ganzrandig, hinten frei abhebbar. Gaumenzähne fehlen, eine häutige Querfalte vor dem Schlund. Trommelfell unsichtbar. Finger- und Zehenspitzen meist stumpf, selten zu Haftscheiben verbreitert, mit einfachen knöchernen Endphalangen. Finger stets, Zehen meistens frei von Schwimmhaut, höchstens mit einer Spur einer solchen, die aber nicht zwischen die Metatarsen der 4. und 5. Zehe eingreift. Praecoracoide und Omosternum fehlen; Coracoide durch einen einfachen Knorpel verbunden. Sternum knorplig. Querfortsätze des Sacralwirbels mäßig stark verbreitert.

10 Arten in Amerika und 1 Art im Malayischen Archipel.

Bestimmungstabelle der Arten:

1	Nur 1 Metatarsalhöcker vorhanden — 2	
	Je 1 medialer und lateraler Metatarsalhöcker vorhanden .	4. **E. usta**
2	Bei nach vorn an den Körper angelegtem Hinterbein reicht das Tibiotarsalgelenk:	
	höchstens bis zum Auge — 3	
	bis zur Vorderkopfspitze	6. **E. pictiventris**
3	Finger- und Zehenspitzen stumpf, nicht verbreitert — 4	
	Finger- und Zehenspitzen oder wenigstens die letzteren zu deutlichen Haftscheiben verbreitert — 10	
4	Eine quere Hautfalte auf dem Hinterkopf — 5	
	Keine Querfalte auf dem Hinterkopf	10. **E. leucosticta**
5	Vorderkopf weniger als doppelt so lang wie der Augendurchmesser — 6	
	Vorderkopf doppelt so lang wie der Augendurchmesser — 9	
6	Zehen völlig frei von Schwimmhaut — 7	
	Zehen an ihrer Basis durch Schwimmhaut verbunden . .	8. **E. aequatorialis**
7	Haut völlig glatt oder nur an den Rumpfseiten und den Hinterbeinen schwach pustelig — 8	
	Haut gefeldert und auf dem Hinterrücken mit großen Pusteln besetzt	3. **E. areolata**
8	Canthus rostralis nicht vorspringend	1. **E. carolinensis**
	Canthus rostralis ungewöhnlich stark vorspringend . . .	2. **E. texensis**
9	Oberseite einfarbig oder weiß; Oberschenkel hinten mit weißem Längsstreif	7. **E. ovalis**
	Oberseite mit breitem, dunklem Längsband, in jeder Weiche ein dunkelbrauner Fleck	5. **E. elegans**
10	Vorderkopf 4mal so lang wie das Auge	9. **E. microps**
	Vorderkopf $2^1/_2$mal so lang wie das Auge	11. **E. borneensis**

1. **E. carolinensis** Holbr. 1836 *E. carolinense,* Holbrook, N. Amer. Herpet., *v.* 1 p. 83 t. 11 | 1841 *E. c.* + *E. rugosum,* C. Duméril & G. Bibron, Erpét., *v.* 8 p. 743, 744 | 1842 *E. c.*, Holbrook, N. Amer. Herpet., ed. 2 *v.* 5 p. 23 t. 6 | 1843 *Gastrophryne rugosum,* Fitzinger, Syst. Rept., p. 33 | 1856 *Engystoma olivaceum,* Hallowell in: P. Ac. Philad., *v.* 8 p. 252 | 1858 *E. carolinense* (part.), Alb. Günther, Cat. Batr. sal. Brit. Mus., p. 51 | 1882 *E. rugosum* + *E. c.* (part.), Boulenger, Cat. Batr. sal. Brit. Mus., ed. 2 p. 160, 162 | 1889 *E. c.*, E. D. Cope in: Bull. U. S. Mus., *v.* 34 p. 385 f. 97 (Kopf, Mundhöhle, Füße) | 1891 *E. c.*, Boulenger in: Ann. nat. Hist., ser. 6 *v.* 8 p. 453 | 1891 *E. c.*, Ryder in: Amer. Natural., *v.* 25 p. 838 | 1906 *E. c.*, M. Dickerson, Frog Book, p. 166 tf. 189 bis 192. t. 2 f. 2 | 1909 *E. c.*, Strecker in: P. biol. Soc. Washington, *v.* 22 p. 117 | 1910 *Gastrophryne carolinensis,* Stejneger in: P. biol. Soc. Washington, *v.* 23 p. 166.

Vorderkopf ziemlich stumpf, wenig vorspringend, weniger als doppelt so lang wie der Augendurchmesser; Canthus rostralis nicht vorspringend. Vorderbein beträchtlich länger als sein Abstand vom vorderen Kopfende; Zehen völlig frei, mit stumpfen Spitzen, deutlichen Subarticularhöckern und mit deutlichem medialem Metatarsalhöcker. Bei nach vorn an den Körper angelegtem Hinterbein reicht das Tibiotarsalgelenk beim ♀ bis zur Schulter, beim ♂ etwas über diese hinaus. Haut glatt, höchstens auf den Flanken und den Hinterbeinen mit schwachen Pusteln besetzt; eine Querfalte auf dem Hinterkopf. Oberseite, Kopf- und Rumpfseiten braun oder grau mit schwarzer Sprenkelung; eine lebhaft braune Binde zieht von jedem Auge schräg an der Flanke entlang zur hinteren Körperhälfte; Gliedmaßen braun mit schwarzen Querbinden und Flecken; Unterseite auf hellerem Grunde fein schwarz gesprenkelt. — L. 38 mm.

♂ mit schwarzer Kehle und subgularer Schallblase.

Südöstliches Nordamerika.

2. **E. texensis** Girard 1859 *E. texense*, C. Girard in: P. Ac. Philad., p. 169 | 1882 *E. carolinense* (part.), Boulenger, Cat. Batr. sal. Brit. Mus., ed. 2 p. 162 | 1906 *E. texense*, M. Dickerson, Frog Book, p. 168 f. 193 | 1909 *E. t.*, Strecker in: P. biol. Soc. Washington, *v.* 22 p. 117 | 1910 *Gastrophryne texana*, Stejneger in: P. biol. Soc. Washington, *v.* 23 p. 166.

Vorderkopf spitz, mit ungewöhnlich stark vorspringendem Canthus rostralis; Entfernung der Schulter von dem vorderen Kopfende gleich $^1/_3$ der gesamten Kopfrumpflänge; Hinterbeine kürzer als bei *E. carolinensis*; medialer Metatarsalhöcker klein. Haut völlig glatt, auf der Unterseite sehr dünn; Querfalte auf dem Hinterkopf ziemlich undeutlich. Oberseite grau, grünlich oder bräunlich, unregelmäßig schwarz gesprenkelt oder gefleckt; die Flecken zeigen Neigung, sich in Längsreihen anzuordnen. Unterschenkel mit 2 schmalen schwarzen Querbinden; Unterseite weiß, Kehle und Brust undeutlich braun gesprenkelt. — L. 29 mm.

Texas.

3. **E. areolata** Streck. 1909 *E. areolatum*, Strecker in: P. biol. Soc. Washington, *v.* 22 p. 118 | 1910 *Gastrophryne a.*, Stejneger in: P. biol. Soc. Washington, *v.* 23 p. 166.

Vorderkopf kürzer als bei der vorigen Art, mit nicht vorspringendem Canthus rostralis. Hinterbeine kurz, besonders der mit großem Metatarsalhöcker versehene Hinterfuß. Haut auf dem Rücken, besonders in der hinteren Hälfte, mit Pusteln besetzt. Oberseite hellgrau mit dunkler Marmorierung; Gliedmaßen deutlich gefleckt; Unterseite hellgrau mit spärlichen hellen Flecken. — L. 22 mm.

Texas.

4. **E. usta** Cope 1858 *E. carolinense* (part.) + *E. rugosum* (non C. Duméril & G. Bibron 1841), Alb. Günther, Cat. Batr. sal. Brit. Mus., p. 51, 52 | 1866 *E. ustum*, E. D. Cope in: P. Ac. Philad., p. 131 | 1867 *Systoma u.*, E. D. Cope in: J. Ac. Philad., ser. 2 *v.* 6 p. 194 | 1869 *Engystoma mexicanum*, Peters in: Monber. Ak. Berlin. p. 881 | 1871 *Systoma ustum*, E. D. Cope in: P. Ac. Philad., p. 216 | 1882 *Engystoma carolinense* (part.) + *E. ustum*, P. Brocchi in: Miss. Mex., pars 3 sect. 2 p. 93, 94 t. 10 f. 1, a—d (Habitus, Kopf von der Seite, Füße) | 1882 *E. u.*, Boulenger, Cat. Batr. sal. Brit. Mus., ed. 2 p. 161 | 1900 *E. u.*, Alb. Günther in: Biol. Centr. Amer., Rept. Batr. p. 209 | 1910 *Gastrophryne usta*, Stejneger in: P. biol. Soc. Washington, *v.* 23 p. 166.

Vorderkopf spitz, mäßig vorspringend, weniger als doppelt so lang wie der Augendurchmesser. Vorderbein beträchtlich länger als sein Abstand vom vorderen Kopfende; Zehen völlig frei, mit stumpfen Spitzen und deutlichen Subarticularhöckern; von den stark vorspringenden Metatarsalhöckern ist der ovale mediale der größere. Bei nach vorn an den Körper angelegtem Hinterbein reicht das Tibiotarsalgelenk bis zur Schulter oder etwas über diese hinaus. Haut glatt oder mit kleinen Höckern auf dem Rücken und mit einer mehr oder weniger deutlichen Querfalte auf dem Hinterkopf. Oberseite olivenfarbig oder bräunlich, in der Regel mit heller Längslinie in der Rückenmitte und einer hellen Längsbinde an jeder Rumpfseite; eine weiße Linie zieht vom Mundwinkel zur Armwurzel; Gliedmaßen heller; Ober- und Unterschenkel mit je einer breiten, dunklen Querbinde. Unterseite bräunlich marmoriert. — L. ?

♂ mit tiefschwarzer Kehle und subgularer Schallblase.

Mexico.

5. **E. elegans** Günther 1858 *E. carolinense* (part.), Alb. Günther, Cat. Batr. sal. Brit. Mus., p. 51 | 1882 *E. elegans*, Boulenger, Cat. Batr. sal. Brit. Mus., ed. 2 p. 162 | 1900 *E. e.*, Alb. Günther in: Biol. Centr. Amer., Rept. Batr. p. 210 t. 62 f. D | 1910 *Gastrophryne e.*, Stejneger in: P. biol. Soc. Washington, *v.* 23 p. 166.

Vorderkopf spitz, vorspringend, doppelt so lang wie der Augendurchmesser. Vorderbein beträchtlich länger als sein Abstand vom vorderen Kopfende; 1. Finger kürzer als der 2.; Zehen völlig frei, mit stumpfen Spitzen und deutlichen Subarticularhöckern; medialer Metatarsalhöcker sehr klein und undeutlich. Bei nach vorn an den Körper angelegtem Hinterbein reicht das Tibiotarsalgelenk bis vor die Schulter. Haut völlig glatt; eine Querfalte auf dem Hinterkopf. Oben hellbraun, mit einem breiten, unregelmäßig begrenzten, dunklen Längsband auf dem Rücken; Kopf- und Rumpfseiten dunkelbraun; Weiche mit einem runden dunkelbraunen Fleck; Unterarm, Ober- und Unterschenkel und Tarsus mit je einer breiten, dunkel gesäumten Querbinde. Kehle braun, weißlich marmoriert; Bauch auf hellem Grunde braun marmoriert. — L. 32 mm.

Mexico.

6. **E. pictiventris** Cope 1886 *E. pictiventre*, E. D. Cope in: P. Amer. phil. Soc., *v.* 23 p. 272 | 1900 *E. p.*, Alb. Günther in: Biol. Centr. Amer., Rept. Batr. p. 209 | 1910 *Gastrophryne pictiventris*, Stejneger in: P. biol. Soc. Washington, *v.* 23 p. 166.

Vorderkopf deutlich über die Mundspalte vorspringend, doppelt so lang wie der Augendurchmesser; 1. Finger kürzer als der 2., 1. Zehe sehr kurz; Metatarsalhöcker klein. Bei nach vorn an den Körper angelegtem Hinterbein reicht das Tibiotarsalgelenk bis zur Schnauzenspitze. Haut glatt; keine Querfalte auf dem Hinterkopf. Oberseite olivenbraun; eine schwarze, oben sehr schmal hell gesäumte Binde zieht vom vorderen Kopfende zur unteren Weichengegend, letztere ungefleckt. Unterseite schwarz mit größeren und kleineren weißen Flecken. — L. 22,5 mm.

Nicaragua.

7. **E. ovalis** (Schneid.) 1799 *Rana o.*, J. G. Schneider, Hist. Amph., *v.* 1 p. 131 | 1802 *R. o.*, G. Shaw, Gen. Zool., *v.* 3 p. 116 | 1803 *Bufo surinamensis* + *B. o.*, Daudin, Hist. Rainett., p. 91, 92 t. 33 f. 2 | 1803 *B. s.* + *B. o.*, Daudin, Hist. Rept., *v.* 8 p. 184, 187 | 1820 *Rana bufonia*, Merrem, Versuch Syst. Amph., p. 177 | 1826 *Engystoma ovalis*, Fitzinger, Classif. Rept., p. 65 | 1828 *Microps unicolor*, Wagler in: Isis, *v.* 21 p. 744 | 1829 *Engystoma surinamense* + *E. ovalis*, G. Cuvier, Règne an., ed. 2 *v.* 2 p. 112 | 1829/38 *Oxyrhynchus bicolor*, Valenciennes in: Guérin-Méneville, Iconogr. Règne an., *v.* 3 Rept. t. 27 f. 2, a (Habitus, Kopf) | 1830 *Microps unicolor*, Wagler, Syst. Amph.,

p. 200 | 1838 *Stenocephalus microps*, Tschudi, Classif. Batr., p. 86 | 1841 *Engystoma ovale*, C. Duméril & G. Bibron, Erpét., *v.* 8 p. 741 | 1843 *Gastrophryne unicolor*, Fitzinger, Syst. Rept., p. 33 | 1858 *Engystoma ovale*, Alb. Günther, Cat. Batr. sal. Brit. Mus., p. 51 | 1864 *E. o.* = *Microps Bonapartii*, Fitzinger (MS.), Steindachner in: Verh. Ges. Wien, *v.* 14 p. 285 t. 17 f. 4, a (Habitus, Zunge) | 1882 *Engystoma ovale*, Boulenger, Cat. Batr. sal. Brit. Mus., ed. 2 p. 163 | 1885 *E. o.* var. *bicolor*, O. Boettger in: Würzburg. Z., ser. 4 *v.* 4 p. 240 | 1910 *Gastrophryne ovalis*, Stejneger in: P. biol. Soc. Washington, *v.* 23 p. 166.

Vorderkopf spitz, vorspringend, etwa doppelt so lang wie der Augendurchmesser. Vorderbein kurz, aber länger als sein Abstand von der Schnauzenspitze; Finger kurz, 1. Finger kürzer als der 2.; Zehen völlig frei, mit stumpfen Spitzen und deutlichen Subarticularhöckern; medialer Metatarsalhöcker sehr klein. Bei nach vorn an den Körper angelegtem Hinterbein reicht das Tibiotarsalgelenk noch nicht bis zur Schulter. Haut völlig glatt; eine Querfalte auf dem Hinterkopf. Oberseite braun, einfarbig oder weiß punktiert; Unterseite heller braun marmoriert; ein weißlicher Längsstreifen auf der Hinterseite der Oberschenkel. — L. 100 mm.

♂ mit schwarzer Kehle und subgularer Schallblase.

Südamerika.

8. **E. aequatorialis** (Prcc.) 1904 *Engistoma aequatoriale*, Peracca in: Boll. Mus. Torino, *v.* 19 nr. 465 p. 23 | 1910 *Gastrophryne aequatorialis*, Stejneger in: P. biol. Soc. Washington, *v.* 23 p. 166.

Vorderkopf etwas zugespitzt, wenig vorspringend, $1^1/_2$ mal so lang wie der Augendurchmesser; Interorbitalraum etwas breiter als ein oberes Augenlid. Vorderbein etwas länger als sein Abstand vom vorderen Kopfende; 1. Finger etwas kürzer als der 2.; Finger und Zehen an den Spitzen abgerundet, aber nicht verbreitert, mit deutlichen Subarticularhöckern; Zehen an ihrer Basis durch eine Spur Schwimmhaut verbunden; medialer Metatarsalhöcker oval. Bei nach vorn an den Körper angelegtem Hinterbein reicht das Tibiotarsalgelenk beim ♂ bis zur Schulter, beim ♀ nicht ganz so weit. Haut beim ♂ mehr oder weniger gerunzelt und drüsig, beim ♀ glatt; in der Regel eine Querfalte auf dem Hinterkopf. Oberseite mit kleinen, grauen und hellbraunen Flecken und mit größeren, unregelmäßigen, stellenweise miteinander verschmelzenden, dunkelbraunen Flecken; eine feine, dunkelbraune, oben hell gesäumte Linie zieht vom Nasenloch durch das Auge und verbreitert zur Schulter herab und an den Flanken entlang bis zur Weiche, wo sie mit den Rückenflecken verschmilzt. Unterseite weißlich, mit feinen dunkelbraunen, verzweigten Flecken, die, besonders gegen den After hin, mehr oder weniger untereinander verschmelzen. — L. 37 mm.

♂ mit subgularer, innerer Schallblase.

Ecuador.

9. **E. microps** Dum. & Bibr. 1841 *E. m.*, C. Duméril & G. Bibron, Erpét., *v.* 8 p. 744 | 1858 *E. m.*, Alb. Günther, Cat. Batr. sal. Brit. Mus., p. 52 | 1864 *E. m.* = *Microps oxyrhynchus*, Fitzinger (MS.), Steindachner in: Verh. Ges. Wien, *v.* 14 p. 285 t. 15 f. 3, a (Habitus, Kopf) | 1882 *Engystoma microps*, Boulenger, Cat. Batr. sal. Brit. Mus., ed. 2 p. 163 | 1910 *Gastrophryne m.*, Stejneger in: P. biol. Soc. Washington, *v.* 23 p. 166.

Vorderkopf sehr lang, spitz, stark vorspringend, 4mal so lang wie die sehr kleinen Augen. Finger sehr kurz; 1. Finger kürzer als der 2.; Vorderbein so lang wie sein Abstand vom vorderen Kopfende; Zehen völlig frei, an den Spitzen zu regelrechten Haftscheiben verbreitert, mit undeutlichen Subarticularhöckern; 1. Zehe sehr kurz; Metatarsalhöcker sehr klein, kaum deutlich. Bei nach vorn an den Körper angelegtem Hinterbein reicht das Tibiotarsalgelenk bis zur Schulter. Haut völlig glatt. Oberseite dunkelbraun, mehr oder weniger weißlich punktiert; Unterseite einfarbig hellbraun. — L. 25 mm.

Brasilien, Guiana.

10. **E. leucosticta** Blgr. 1888 *E. leucostictum*, Boulenger in: Ann. nat. Hist., ser. 6 *v.* 1 p. 416 | 1904 *E. l.*, Peracca in: Boll. Mus. Torino, *v.* 19 nr. 460 p. 12 | 1910 *Gastrophryne leucosticta*, Stejneger in: P. biol. Soc. Washington, *v.* 23 p. 165.

Vorderkopf stumpf, stark vorspringend, weniger als 2 mal so lang wie der Augendurchmesser; letzterer größer als der Abstand des Auges vom Lippenrand; Interorbitalraum kaum doppelt so breit wie ein oberes Augenlid; Vorderbein viel länger als sein Abstand vom vorderen Kopfende. Zehen stumpf, mit einer Spur Schwimmhaut; medialer Metatarsalhöcker sehr klein, rundlich. Bei nach vorn an den Körper angelegtem Hinterbein reicht das Tibiotarsalgelenk bis zur Schulter, das Tarsometatarsalgelenk bis zum Auge. Oberseite dunkelbraun, mit verstreuten winzigen, weißen Punkten, auf den Gliedmaßen rötlich marmoriert; eine feine, unterbrochene weiße Linie längs der Hinterseite der Oberschenkel. Unterseite weiß, dunkelbraun gefleckt und marmoriert. — L. 25 mm.

Santa Catharina in Brasilien.

11. **E. borneensis** Blgr. 1897 *E. borneense*, Boulenger in: Ann. nat. Hist., ser. 6 *v.* 19 p. 108 | 1910 *Gastrophryne borneensis*, Stejneger in: P. biol. Soc. Washington, *v.* 23 p. 166.

Vorderkopf sehr lang, spitz, stark vorspringend. Auge klein, $^{2}/_{5}$ so breit wie der Vorderkopf lang ist; Interorbitalraum 3 mal so breit wie ein oberes Augenlid. Vorderbein etwas länger als sein Abstand vom vorderen Kopfende; Finger kurz, am Ende verdickt; 1. Finger kürzer als der 2.; Zehen völlig frei, an den Spitzen zu kleinen Haftscheiben verbreitert, medialer Metatarsalhöcker sehr klein. Bei nach vorn an den Körper angelegtem Hinterbein reicht das Tibiotarsalgelenk bis zum Hinterrand des Auges, das Tarsometatarsalgelenk bis zum vorderen Kopfende. Haut völlig glatt. Oberseite schwärzlichbraun, mit verstreuten winzigen, weißen Punkten; Unterseite braun. — L. 39 mm.

Sarawak auf Borneo.

32. Gen. Glossostoma Alb. Günther

1900 *G.*, Alb. Günther in: Biol. Centr. Amer., Rept. Batr. p. 210 t. 64 f. A.

Pupille horizontal. Zunge sehr groß, elliptisch, hinten ganzrandig und frei abhebbar. Gaumenzähne und Gaumenfalten fehlen. Trommelfell unsichtbar. Finger- und Zehenenden spitz; Finger frei, Zehen mit Schwimmhaut, die nicht zwischen die Metatarsen der 4. und 5. Zehe eingreift. Praecoracoide und Omosternum fehlen; Sternum knorplig.

1 Art in Zentralamerika.

1. **G. aterrimum** Günther 1900 *G. a.*, Alb. Günther in: Biol. Centr. Amer., Rept. Batr. p. 210 t. 64 f. A (Habitus, Kopf, Mundhöhle).

Körperform der der vorigen Gattung ähnlich (Fig. 45). Vorderkopf abgeplattet, ziemlich spitz, so lang wie der Augendurchmesser; Interorbitalraum mehrmals so breit wie ein oberes Augenlid. 1. Finger kürzer als der 2.;

Zehen zu $^1/_3$ ihrer Länge durch Schwimmhaut verbunden; ohne Subarticularhöcker; medialer Metatarsalhöcker sehr klein, flach. Haut sehr glatt und dick; eine Querfalte auf dem Hinterkopf. Einfarbig tiefschwarz, jederseits vom After winzige, verstreute Körnchen mit bläulichen Punkten. — L. 55 mm.

Costa Rica.

Fig. 45. **Glossostoma aterrimum** Günther (nach Alb. Günther).

33. Gen. **Ctenophryne** F. Mocquard

1904 *C.*, F. Mocquard in: Bull. Mus. Paris, *v.* 10 p. 308.

Pupille vertical. Zunge groß, hinten ausgerandet, am Rande frei abhebbar. Gaumenzähne fehlen; 2 quere Gaumenfalten vorhanden, von denen die kammförmige hintere vor dem Schlundeingang liegt. Trommelfell unsichtbar. Finger und Zehen an den Spitzen verbreitert, mit am distalen Ende verdickten knöchernen Endphalangen; Finger frei, Zehen mit Schwimmhaut, die nicht zwischen die Metatarsen der 4. und 5. Zehe eingreift. Praecoracoide und Omosternum fehlen, Sternum eine Knorpelplatte. Querfortsätze des Sacralwirbels mäßig stark verbreitert.

1 Art in Südamerika.

1. **C. geagi** Mocq. 1904 *C. G.*, F. Mocquard in: Bull. Mus. Paris, *v.* 10 p. 308.

Vorderkopf kurz, wenig vorspringend, etwa dreieckig mit stumpfer Spitze. $1^3/_4$ mal so lang wie der Augendurchmesser, ohne Canthus rostralis; Interorbitalraum 3 mal so breit wie ein oberes Augenlid. Finger frei, der 1. sehr kurz; Zehen flach, an den Spitzen leicht verbreitert, zu $^3/_4$ ihrer Länge durch Schwimmhaut verbunden; Subarticularhöcker undeutlich; medialer Metatarsalhöcker länglich, wenig vorspringend. Bei nach vorn an den Körper angelegtem Hinterbein reicht das Tarsometatarsalgelenk bis zum Hinterrand des Auges. Haut überall glatt; eine Querfalte hinter den Augen reicht jederseits bis unter die Armwurzel herab. Oberseite blaßgelblichbraun mit heller Sprenkelung, einer gelblichweißen Längslinie längs der Rückenmitte; Weichen und Oberseite der Schenkel weiß punktiert. Unterseite dunkelbraun, unter den Schenkeln fast schwarz, auf Kehle, Bauch und an der Medialseite der Oberschenkel mit zahlreichen kleinen gelblichweißen Flecken und mit größeren, hellweißen Flecken auf der Lateralseite der Unterschenkel. — L. 43 mm.

Columbien.

34. Gen. **Hypopachus** W. Keferstein

1866 *Engystoma* (part.), E. D. Cope in: P. Ac. Philad., p. 131 | 1867 *Systoma* (part.), E. D. Cope in: J. Ac. Philad., ser. 2 *v.* 6 p. 193 | 1867 *Hypopachus*, W. Keferstein in: Nachr. Ges. Götting., p. 351 | 1868 *H.*, W. Keferstein in: Arch. Naturg., *v.* 34 I p. 293 | 1882 *H.*, P. Brocchi in: Miss. Mex., pars 3 sect. 2 p. 91 | 1882 *H.*, Boulenger, Cat. Batr. sal. Brit. Mus., ed. 2 p. 159 | 1889 *H.*, E. D. Cope in: Bull. U. S. Mus., *v.* 34 p. 387 | 1900 *H.*, Alb. Günther in: Biol. Centr. Amer., Rept. Batr. p. 211.

Pupille vertical. Zunge elliptisch, ganzrandig, hinten frei abhebbar. Gaumenzähne fehlen; je 1 Hautfalte zwischen den Choanen und vor dem Schlundeingang vorhanden. Trommelfell unsichtbar. Finger frei, Zehen durch eine Spur Schwimmhaut verbunden, die nicht zwischen die Metatarsen der 4. und 5. Zehe eingreift; Finger- und Zehenspitzen stumpf, mit einfachen knöchernen Endphalangen. Praecoracoide vorhanden, aber sehr schwach ausgebildet; Omosternum fehlt, Sternum knorplig. Querfortsätze des Sacralwirbels mäßig stark verbreitert.

2 Arten in Amerika.

Bestimmungstabelle der Arten:

1	Unterseite braun mit runden gelben Flecken	1. **H. variolosus**
	Unterseite auf weißlichem Grunde schwarz marmoriert . . .	2. **H. inguinalis**

1. **H. variolosus** (Cope) 1866 *Engystoma variolosum*, E. D. Cope in: P. Ac. Philad., p. 131 | 1867 *Systoma v.*, E. D. Cope in: J. Ac. Philad., ser. 2 *v.* 6 p. 194 | 1867 *Hypopachus Seebachii*, W. Keferstein, in: Nachr. Ges. Götting., p. 352 | 1868 *H. S.*, W. Keferstein in: Arch. Naturg., *v.* 34 I p. 293 t. 9 f. 1, 2 (Habitus, Schultergürtel) 1869 *Engystoma variolosum*, E. D. Cope in: P. Amer. phil. Soc., *v.* 11 p. 166 | 1876 *Hypopachus variolosus*, E. D. Cope in: J. Ac. Philad., ser. 2 *v.* 8 p. 101 | 1882 *H. v.*, P. Brocchi in: Miss. Mex., pars. 3 sect. 2 p. 92 t. 10 f. 2 a—d (Habitus, Kopf, Mundhöhle, Füße) | 1882 *H. v.*, Boulenger, Cat. Batr. sal. Brit. Mus., ed. 2 p. 159 | 1883 *H. oxyrhinus*, Boulenger in: Ann. nat. Hist., ser. 5 *v.* 11 p. 344 | 1887 *H. variolosus*, E. D. Cope in: Bull. U. S. Mus., *v.* 32 p. 18 | 1889 *H. cuneus*, E. D. Cope ibid., *v.* 34 p. 388 f. 98 (Kopf von 3 Seiten, Mundhöhle, Füße) | 1889 *H. c.*, E. D. Cope in: P. U. S. Mus., *v.* 11 p. 395 | 1900 *H. variolosus*, Alb. Günther in: Biol. Centr. Amer., Rept. Batr. p. 211 1906 *H. cuneus*, M. Dickerson, Frog Book, p. 169 f. 194—196, t. 2 f. 1.

Vorderkopf kurz, spitz, mehr oder weniger stark vorspringend, $1^1/_2$ mal so lang wie der Augendurchmesser. Vorderbein viel länger als sein Abstand vom vorderen Kopfende; Finger mäßig lang; Subarticularhöcker deutlich; von den beiden stark vorspringenden, ovalen, seitlich zusammengedrückten Metatarsalhöckern ist der mediale sehr groß. Bei nach vorn an den Körper angelegtem Hinterbein reicht das Tibiotarsalgelenk bis oder fast bis zur Schulter. Haut völlig glatt, eine Querfalte auf dem Hinterkopf. Oberseite braun, grünlich, gelblich oder graulich, häufig mit einer hellen, schmalen Längslinie in der Rückenmitte; ein lebhaft braunes, oben und unten von schwarzen Wellenlinien eingefaßtes Band zieht oft vom Auge aus an den Rumpfseiten entlang; eine weiße, schwarz gesäumte Binde beginnt unter dem Auge und zieht schräg abwärts zu einem Punkte vor und unter der Armwurzel; Hinterrücken und Seiten der Gliedmaßen dunkel marmoriert. Unterseite braun mit gelben Flecken, in der Regel auch mit sehr schmaler heller Längslinie in ihrer Mitte. — L. 37 mm.

Texas bis Costa Rica.

2. **H. inguinalis** Cope 1869 *H. i.*, E. D. Cope in: P. Amer. phil. Soc., *v.* 11 p. 166 | 1877 *Engystoma i.*, P. Brocchi in: Bull. Soc. philom., ser. 7 *v.* 1 p. 189 | 1882 *Hypopachus i.*, P. Brocchi in: Miss. Mex., pars 3 sect. 2 p. 91 t. 10 f. 3 ♀, f. 4 a—d (♂ Habitus, Kopf, Mundhöhle, Füße) | 1882 *H. i.*, Boulenger, Cat. Batr. sal. Brit. Mus., ed. 2 p. 160 | 1887 *H. variolosus* subsp. *inguinalis*, E. D. Cope in: Bull. U. S. Mus., *v.* 32 p. 18 | 1900 *H. i.*, Alb. Günther in: Biol. Centr. Amer., Rept. Batr. p. 210.

Vorderkopf kurz, etwas zugespitzt, wenig vorspringend, $1^1/_2$ mal so lang wie der Augendurchmesser. Vorderbein viel länger als sein Abstand vom vorderen Kopfende; Finger mäßig lang; Subarticularhöcker deutlich. Metatarsalhöcker beide stark vorspringend, stumpf. Bei nach vorn an den Körper angelegtem Hinterbein reicht das Tibiotarsalgelenk bis zur Schulter. Haut glatt oder mit kleinen, undeutlichen Höckern; eine Querfalte auf dem Hinterkopf. Oberseite des ♀ in der Mitte und auf den Gliedmaßen olivenbraun, an den Seiten rötlich; Gliedmaßen stellenweise dunkel gefleckt. ♂ oben grünlichbraun mit kleinen lebhaft roten Flecken und Pusteln, mit sehr feiner, roter Längslinie in der Rückenmitte und auf der Hinterseite eines jeden Oberschenkels; ein heller (roter) Streifen vom Auge zur Armwurzel; Arme und Schenkel oben schwarz und rot gefleckt; Unterseite auf hellem Grunde schwarz marmoriert, in der Regel mit feiner heller Längslinie in ihrer Mitte und mit einer, einen nach vorn offenen Winkel bildenden Querlinie auf der Brust. — L. 110 mm.

♂ mit subgularer Schallblase.

Guatemala (und Ecuador?).

35. Gen. **Dermatonotus** Méhely

1904 *D.*, Méhely in: Ann. Mus. Hungar., *v.* 2 p. 207 t. 13 f. 1—3 (Schultergürtel, knöcherne Endphalange, Schnitt durch die Rückenhaut).

Pupille vertikal. Zunge groß, elliptisch, ganzrandig, in der hinteren Hälfte frei abhebbar. Gaumenzähne fehlen; 1 kurze Querfalte zwischen den Tubae Eustachii. Trommelfell unsichtbar. Finger und Zehen frei, an den Spitzen nicht verbreitert, mit an der Unterseite des distalen Endes schaufelförmig verbreiterten knöchernen Endphalangen (Fig. 46); keine Schwimmhaut zwischen den Metatarsen der 4. und 5. Zehe. Praecoracoide verknöchert, durch eine rautenförmige Knorpelplatte verbunden; Omosternum fehlt, Sternum eine ankerförmige Knorpelplatte. Querfortsätze des Sacralwirbels stark verbreitert.

Fig. 46. **Dermatonotus mülleri** (Boettg.) Knöcherne Endphalange, vergr. (nach Méhely).

1 Art in Südamerika.

1. **D. mülleri** (Boettg.) 1885 *Engystoma M.*, O. Boettger in: Würzburg. Z., ser. 4 *v.* 4 p. 241 | 1895 *Hypopachus M.*, Peracca in: Boll. Mus. Torino, *v.* 10 nr. 195 p. 23 | 1904 *Dermatonotus M.*, Méhely in: Ann. Mus. Hungar., *v.* 2 p. 208 t. 13 f. 1—3 | 1910 *Gastrophryne M.*, Stejneger in: P. biol. Soc. Washington, *v.* 23 p. 166.

Körperform gedrungen. Vorderkopf kurz, etwas zugespitzt, mäßig vorspringend, $1^1/_2$ mal so lang wie der Augendurchmesser, mit vertiefter Zügelregion; Interorbitalraum $2^1/_2$ mal so breit wie ein oberes Augenlid; Vorderbein länger als sein Abstand vom vorderen Kopfende; Finger mäßig lang, 1. Finger viel kürzer als der 2.; Zehenspitzen stumpf; Subarticularhöcker deutlich; medialer Metatarsalhöcker oval, stark vorspringend. Bei nach vorn an den Körper angelegtem Hinterbein reicht das Tibiotarsalgelenk noch nicht bis zur Schulter. Haut glatt, auf dem Rücken durch ein chitinartiges, an der Luft erhärtetes Sekret großer Hautdrüsen stark verdickt, lederartig; eine starke Querfalte auf dem Hinterkopf, die seitlich bis zu den Achseln herabreicht. Oberseite olivengrau, im Alter einfarbig, bei jungen Tieren dunkel vermiculiert; Seiten, Hinterseite der Oberschenkel, Vorder- und Hinterbeine schwarz oder schwärzlichbraun mit großen weißen Flecken; Unterseite hellbraun mit schmutzig weißen Flecken. — L. 72 mm.

Paraguay.

36. Gen. **Chiasmocleis** Méhely

1904 *C.*, Méhely in: Ann. Mus. Hungar., *v.* 2 p. 210 t. 13 f. 4, 5 (Kopf, Schultergürtel).

Pupille rund. Zunge elliptisch, ganzrandig, in der hinteren Hälfte frei abhebbar. Gaumenzähne fehlen; eine kurze häutige Querleiste zwischen den winzigen Tubae Eustachii. Trommelfell unsichtbar. Finger und Zehen spitz endigend, mit einfachen knöchernen Endphalangen, ohne Schwimmhaut, die auch zwischen den Metatarsen der 4. und 5. Zehe fehlt. Praecoracoide knorpelig, am Vorderrande schwach verknöchert, in nach vorn konvexem Bogen verlaufend; Omosternum fehlt, Sternum eine ankerförmige Knorpelplatte. Querfortsätze des Sacralwirbels stark verbreitert.

1 Art in Südamerika.

1. **C. albopunctata** (Boettg.) 1885 *Engystoma albopunctatum*, O. Boettger in: Würzburg. Z., ser. 4 *v.* 4 p. 240 | 1904 *E. a.*, Peracca in: Boll. Mus. Torino, *v.* 19 nr. 465 p. 12 | 1904 *Chiasmocleis albopunctata*, Méhely in: Ann. Mus. Hungar., *v.* 2 p. 210 t. 13 f. 4, 5 | 1910 *Gastrophryne a.*, Stejneger in: P. biol. Soc. Washington, *v.* 23 p. 166.

Kopf klein. Vorderkopf etwas zugespitzt, mäßig vorspringend, $1^1/_2$ mal so lang wie das Auge, mit schwach vertiefter Zügelregion; Interorbitalraum mindestens 3 mal so breit wie ein oberes Augenlid. Vorderbein viel länger als sein Abstand vom vorderen Kopfende; 1. Finger viel kürzer als der 2.; Subarticularhöcker wenig vorspringend; medialer Metatarsalhöcker deutlich, oval. Bei nach vorn an den Körper angelegtem Hinterbein reicht das Tibiotarsalgelenk bis zur Schulter. Haut glatt, in der Mitte des Kopfes eine schwache Längsfurche. Oben dunkelkastanienbraun mit zahlreichen weißen Flecken auf Rücken und Beinen, darunter auch eine ∧-förmige weiße Zeichnung auf dem Vorderkopf und weiße Flecke auf den Augenlidern (Oberseite des Kopfes sonst ungefleckt); Unterseite lederbraun, überall mit winzigen schmutzigweißen Flecken. — L. 26 mm.

Paraguay.

37. Gen. **Otophryne** Boulenger

1900 *O.*, Boulenger in: Tr. Linn. Soc. London, ser. 2 *v.* 8 p. 55 t. 5 f. 5.

Pupille rund. Zunge groß, oval, hinten abgestutzt und frei abhebbar. Gaumenzähne fehlen, vor dem Schlund 2 gezähnelte Hautfalten. Trommelfell sehr deutlich. Finger frei, Zehen an der Basis durch Schwimmhaut verbunden, die nicht zwischen die Metatarsen der 4. und 5. Zehe eingreift; Finger- und Zehenspitzen verdickt. Praecoracoide vorhanden, aber schwach entwickelt; Sternum knorplig. Querfortsätze des Sacralwirbels ziemlich stark verbreitert.

1 Art in Südamerika.

1. **O. robusta** Blgr. 1900 *O. r.*, Boulenger in: Tr. Linn. Soc. London, ser. 2 *v.* 8 p. 55 t. 5 f. 5, a (Habitus, Mundhöhle).

Körperform gedrungen. Kopf ziemlich klein; Vorderkopf kurz, spitz, am Ende schräg abgestutzt, über die Mundspalte vorspringend, mit vorspringendem Canthus rostralis; Interorbitalraum fast doppelt so breit wie ein oberes Augenlid; Trommelfell dicht beim Auge; $1^1/_2$ mal so breit wie dessen Durchmesser. Finger kurz, 1. Finger nicht ganz so lang wie der 2.; Zehen sehr kurz und flach, mit seitlichen Hautsäumen; keine deutlichen Subarticular- und Metatarsalhöcker vorhanden. Bei nach vorn an den Körper angelegtem Hinterbein reicht das Tarsometatarsalgelenk bis zum Trommelfell; Unterschenkel so lang wie der Fuß, $^2/_5$ so lang wie Kopf und Rumpf zusammen. Haut dick, völlig glatt, auf dem Rücken glänzend; eine starke Hautfalte zieht vom Auge zur Oberschenkelbasis. Oberseite schwärzlichbraun. Weichen und Hinterseite der Oberschenkel orangenfarbig, schwarz gefleckt; Kehle und Brust dunkelbraun; Bauch und Unterseite der Gliedmaßen weißlich mit einigen braunen Punkten. — L. 53 mm.

Roraima-Berg in Britisch-Guiana, in 1050 m Höhe.

38. Gen. **Stereocyclops** E. D. Cope

1869 *S.*, E. D. Cope in: P. Amer. phil. Soc., *v.* 11 p. 165 | 1882 *S.*, Boulenger, Cat. Batr. sal. Brit. Mus., ed. 2 p. 158.

Pupille rund. Zunge groß, hinten frei abhebbar. Gaumenzähne fehlen, 1 kurze Querfalte auf der hinteren Hälfte des Gaumens. Vorderer Teil der Bindehaut des Auges verknöchert, so daß ein harter Ring um die Hornhaut entsteht. Trommelfell unsichtbar. Finger und Zehen ohne Schwimmhaut, die auch zwischen den Metatarsen der 4. und 5. Zehe fehlt. Praecoracoide vorhanden; Omosternum fehlt; Sternum knorplig, stark verbreitert, in großer Ausdehnung mit den Coracoiden verbunden.

1 Art in Südamerika.

1. **S. incrassatus** E. D. Cope 1869 *S. i.*, E. D. Cope in: P. Amer. phil. Soc., p. 165 | 1882 *S. i.*, Boulenger, Cat. Batr. sal. Brit. Mus., ed. 2 p. 159.

Körperform ähnlich der von *Pipa*. Vorderkopf ein wenig über die breite Mundspalte vorspringend, ohne Canthus rostralis. Beine kurz; Oberarme und Oberschenkel von Hautfalten des Rumpfes umschlossen; Zehen sehr ungleich lang; 1. und 5. Zehe sehr kurz, an der Basis der letzteren ein stumpfer Höcker. Haut überall durch eine chitinartige Auflagerung verdickt. Färbung überall lederbraun, eine schmale weiße Linie vom vorderen Kopfende bis zum After. — L. 57 mm.

Sao Matheos (südlich Rio de Janeiro) in Brasilien.

39. Gen. **Rhinoderma** C. Duméril & G. Bibron

1841 *R.*, C. Duméril & G. Bibron, Erpét., *v.* 8 p. 657 | 1858 *R.*, Alb. Günther, Cat. Batr. sal. Brit. Mus., p. 48 | 1867 *R.*, E. D. Cope in: J. Ac. Philad., ser. 2 *v.* 6 p. 196 | 1882 *R.*, Boulenger, Cat. Batr. sal. Brit. Mus., ed. 2 p. 148.

Pupille horizontal. Zunge annähernd dreieckig, ganzrandig oder hinten schwach ausgerandet, hinten frei abhebbar. Gaumenzähne fehlen. Trommelfell nicht oder nur schwach sichtbar. Finger und Zehen spitz endigend, mit einfachen knöchernen Endphalangen; Finger durch sehr schwache, Zehen durch deutliche Schwimmhaut verbunden, die nicht zwischen die Metatarsen der 4. und 5. Zehe eingreift. Praecoracoide und Coracoide miteinander parallel laufend; Omosternum und Sternum knorplig. Querfortsätze des Sacralwirbels mäßig stark verbreitert.

1 Art in Südamerika.

1. **R. darwinii** Dum. & Bibr. 1841 *R. D.*, C. Duméril & G. Bibron, Erpét., *v.* 8 p. 659 | 1843 *R. D.*, T. Bell in: Zool. Voy. Beagle, pars 5 p. 48 t. 20 f. 1, 2 | 1848 *R. d.*, Guichenot in: Gay, Hist. Chile, *v.* 2 p. 122 t. 7 f. 1 | 1858 *Bombinator (Rhinoderma) D*, H. Schlegel in: Handl. Dierk., *v.* 2 p. 59 | 1858 *R. d.*, Alb. Günther, Cat. Batr. sal. Brit. Mus., p. 48 | 1875 *R. d.*, Espada in: Vert. Viaje Pacif., Batr. p. 129 | 1882 *R. d.*, Boulenger, Cat. Batr. sal. Brit. Mus., ed. 2 p. 148 | 1888 *R. d.*, Howes in: P. zool. Soc. London, p. 231 f. 1—5 (Brutraum des ♂) | 1897 *R. d.* var. *lateralis* + *unicolor* + *angulata* + *picta*, F. Werner in: Zool. Jahrb., suppl. *v.* 4 p. 264.

Vorderkopf dreieckig, mit winkligem Canthus rostralis und senkrecht abfallender Zügelregion; Interorbitalraum breiter als ein oberes Augenlid. 1. Finger kürzer als der 2.; Zehen zu $^1/_3$ ihrer Länge durch Schwimmhaut verbunden. Subarticularhöcker undeutlich; medialer Metatarsalhöcker sehr klein. Bei nach vorn an den Körper angelegtem Hinterbein reicht das Tarsometatarsalgelenk bis zum Auge oder etwas über dieses hinaus. Haut glatt, am Bauche und unter den Oberschenkeln gekörnelt, jederseits mit mehr oder weniger deutlicher, schmaler, drüsiger Dorsolateralfalte; ein Hautlappen an der vorderen Kopfspitze und an jeder Ferse. Färbung sehr wechselnd: Oberseite braun, grau oder bläulich in verschiedenen Tönungen, zwischen den Dorsolateralfalten oft heller als an den Flanken, häufig mit einer dunklen Linie längs ihrer ganzen Mitte, oder mit dunkler Querbinde zwischen den Augen und je 1 dunklen ⋀-Fleck in der Schulter und Kreuzgegend; die Flecken sind manchmal hell gesäumt oder wie die ganze Oberseite fein dunkel punktiert. Unterseite schwarz mit weißen Flecken, oder Brust und Kehle gelblichweiß und beide oder nur die Kehle dunkel getüpfelt. — L. 30 mm.

♂ mit subgularem Kehlsack, in den zur Fortpflanzungszeit die Eier (bis zu 15 Stück) aufgenommen werden. In dem über die ganze Unterseite und die Flanken des Tieres sich ausdehnenden Kehlsack durchlaufen die Larven die ganze Entwicklung, wobei sie sich zuerst von dem im Ei enthaltenen Dotter, nach dem Durchbruch der Vorderbeine aber unter Verklebung ihrer Rückenhaut mit der Kehlsackwandung von dieser aus ernähren; Kiemen wurden nicht beobachtet.

Chile.

40. Gen. **Brachycephalus** Fitzinger

1826 *B.*, Fitzinger, Classif. Rept., p. 39, 65 | 1830 *B.*, Wagler, Syst. Amph., p. 207 | 1835 *Ephippipher*, Cocteau in: Mag. Zool., *v.* 5 Cl. 3 t. 7, 8 | 1838 *Brachycephalus*, Tschudi, Classif. Batr., p. 87 | 1841 *B.*, C. Duméril & G. Bibron, Erpét., *v.* 8 p. 726 | 1858 *B.*, Alb. Günther, Cat. Batr. sal. Brit. Mus., p. 46 | 1867 *B.*, E. D. Cope in: J. Ac. Philad., ser. 2 *v.* 6 p. 197 | 1882 *B.*, Boulenger, Cat. Batr. sal. Brit. Mus., ed. 2 p. 156.

Pupille horizontal. Zunge elliptisch, ganzrandig, hinten frei abhebbar. Gaumenzähne und Gaumenfalten fehlen. Trommelfell unsichtbar. Finger und Zehen frei, spitz endigend, mit einfachen knöchernen Endphalangen; keine Schwimmhaut zwischen den Metatarsen der 4. und 5. Zehe. Coracoide und Praecoracoide etwas divergierend: Omosternum fehlt; Sternum knorplig. Querfortsätze des Sacralwirbels schwach verbreitert. Ein breiter, durch Verschmelzung von Hautverknöcherungen mit den Dornfortsätzen des 2.—7. Rückenwirbels entstandenes Knochenschild in der Rückenhaut.

1 Art in Südamerika.

1. **B. ephippium** Spix 1824 *B. e.*, Spix, Spec. Testud. Ran. Bras., p. 48 t. 20 f. 2 | 1826 *B. e.*, Fitzinger. Classif. Rept., p. 65 | 1830 *B. e.*, Wagler, Syst. Amph., p. 207 | 1835 *Ephippipher aurantiacus* + *E. Spixii*, Cocteau in: Mag. Zool., v. 5 Cl. 3 t. 7, 8 p. [12] (Habitusbilder, Skeletteile) | 1838 *Brachycephalus ephippium*, Tschudi. Classif. Batr., p. 87 | 1841 *B. e.*, C. Duméril & G. Bibron, Erpét., v. 8 p. 729 | 1858 *B. aurantiacus*, C. Girard in: U. S. expl. Exp., Herpet. p. 100 t. 5 f. 20—24 (Habitus, Füße) | 1858 *B. ephippium*, Alb. Günther, Cat. Batr. sal. Brit. Mus., p. 46 | 1867 *B. e.*, Steindachner in: Reise Novara, Amph. p. 35 | 1867 *B. e.*. E. D. Cope in: J. Ac. Philad., ser. 2 v. 6 p. 197 | 1882 *B. e.*, Boulenger, Cat. Batr. sal. Brit. Mus., ed. 2 p. 156.

Kopf mäßig groß, flach; Vorderkopf kurz; Interorbitalraum viel breiter als ein oberes Augenlid. Finger und Zehen kurz; 1. Finger verkümmert, 4. Finger unter der Haut verborgen; 1. und 5. Zehe undeutlich sichtbar; Subarticular- und Metatarsalhöcker fehlen. Bei nach vorn an den Körper angelegtem Hinterbein reicht das Tarsometatarsalgelenk bis zum Auge oder etwas weiter. Haut glatt, auf dem Kopfe fest mit dem Knochen verwachsen; Rückenschild rauh. Gelblich, die verknöcherten Stellen dunkler. — L. 51 mm.

Südamerika (Guiana, Brasilien, Chile).

41. Gen. **Oreophrynella** Boulenger

1895 *Oreophryne* (non Boettger 1895), Boulenger in: Ann. nat. Hist., ser. 6 v. 15 p. 521 | 1895 *Oreophrynella*, Boulenger in: Ann. nat. Hist., ser. 6 v. 16 p. 125.

Pupille horizontal. Zunge elliptisch, ganzrandig, hinten frei abhebbar. Gaumenzähne und Gaumenfalten fehlen: Tubae Eustachii äußerst winzig: Trommelfell unsichtbar. Finger und Zehen kurz, stumpf, ohne deutliche Schwimmhaut; Hinterfuß als Greiffuß ausgebildet (1. oder 1. u. 2. Zehe opponierbar). Coracoide und Praecoracoide sehr kräftig, beide mit einander in der Mitte eine lange Naht bildend und jederseits ein kleines kreisrundes Loch umschließend; Omosternum fehlt: Sternum knorplig. Querfortsätze des Sacralwirbels stark verbreitert.

2 Arten in Südamerika.

Bestimmungstabelle der Arten:

1	Vorderkopf nicht über die Mundspalte vorspringend	1. **O. quelchii**
	Vorderkopf stark über die Mundspalte vorspringend	2. **O. macconelli**

1. **O. quelchii** (Blgr.) 1895 *Oreophryne Q.*, Boulenger in: Ann. nat. Hist., ser. 6 v. 15 p. 521 | 1895 *Oreophrynella Q.*, Boulenger in: Ann. nat. Hist., ser. 6 v. 16 p. 125 | 1900 *O. Q.*, Boulenger in: Tr. Linn. Soc. London, ser. 2 v. 8 p. 55 t. 5 f. 3.

Vorderkopf kurz, abgerundet, nicht vorspringend, mit deutlichem Canthus rostralis; Interorbitalraum so breit wie ein oberes Augenlid. Finger und Zehen sehr kurz, an der Basis durch dicke Haut verbunden, an den Spitzen etwas verdickt; 3. Finger länger als die untereinander gleichlangen 1., 2. und 4. Finger; 1. und 5. Zehe gleichlang, 4. Zehe etwas länger, 2. und 3. Zehe am kürzesten; 1. Zehe den übrigen opponierbar; Hand- und Fußsohlen warzig, Carpal- und Tarsalhöcker ganz flach. Bei nach vorn an den Körper angelegtem Hinterbein reicht das Tarsometatarsalgelenk bis zum Auge. Oberseite mit ungleich großen, vorspringenden Warzen. Unterseite mit kleinen flachen Warzen. Schwarz, Kehle und Bauch glänzend gelb gefleckt und marmoriert. — L. 22 mm.

♂ ohne Schallblasen.

Roraima-Berg in Guiana, in 2500—2600 m Höhe.

2. **O. macconnelli** Blgr. 1900 *O. M.*, Boulenger in: Tr. Linn. Soc. London, ser. 2 *v.* 8 p. 55 t. 5 f. 4.

Vorderkopf stark vorspringend: Interorbitalraum breiter als ein oberes Augenlid. 1. Zehe viel länger als die 2.; so lang wie die 4. Zehe; 1. und 2. Zehe durch Haut verbunden und den ebenso verbundenen 4. und 5. Zehen opponierbar; die kürzeste, 3. Zehe liegt frei dazwischen; Subarticular- und Metatarsalhöcker undeutlich. Bei nach vorn an den Körper angelegtem Hinterbein reicht das Tarsometatarsalgelenk bis zum Auge. Oberseite mit kleinen glatten, schwach vorspringenden Warzen, Unterseite mit flachen Körnern. Oberseite olivenbraun, mit heller Marmorierung, jederseits mit einer Reihe kleiner gelblicher Flecke vom Auge zur Weiche und auf dem Oberschenkel. Oberlippe gelblich; mit 2 dunkelbraunen Binden unter dem Auge: Unterseite weißlich. — L. 22 mm.

Roraima-Berg in Guiana, in 1000 m Höhe.

42. Gen. **Atelopus** C. Duméril & G. Bibron

1838 *Chaunus* (part.), Tschudi, Classif. Batr., p. 87 | 1841 *Atelopus* + *Phryniscus* (non Wiegmann 1834) (part.), C. Duméril & G. Bibron, Erpét., *v.* 8 p. 660, 722 | 1856 *P.* + *Phrynidium*, H. Lichtenstein & E. Martens, Nomencl. Rept. Mus. Berolin., p. 40 | 1857 *Hylaemorphus* + *Phirix*, O. Schmidt in: SB. Ak. Wien, *v.* 24 p. 14 | 1858 *H.* + *P.*, O. Schmidt in: Denk. Ak. Wien, *v.* 14 p. 255 | 1858 *Phryniscus* + *Atelopus*, Alb. Günther, Cat. Batr. sal. Brit. Mus., p. 43, 48 | 1867 *A.* + *P.* + *Phrynidium*, E. D. Cope in: J. Ac. Philad., ser. 2 *v.* 6 p. 195, 196 | 1882 *Phryniscus*. Boulenger. Cat. Batr. sal. Brit. Mus., ed. 2 p. 149 | 1882 & 83 *Atelopus* + *P.*, P. Brocchi in: Miss. Mex., pars 3 sect. 2 p. 96, 98 | 1894 *A.*, Boulenger in: Ann. nat. Hist., ser. 6 *v.* 14 p. 374 | 1900 *A.*, Alb. Günther in: Biol. Centr. Amer., Rept. Batr. p. 208.

Pupille horizontal. Zunge elliptisch, ganzrandig, hinten frei abhebbar. Gaumenzähne und Gaumenfalten fehlen. Trommelfell unsichtbar. Finger frei oder an der Basis durch Schwimmhaut verbunden: Zehen stets mehr oder weniger weit durch Schwimmhaut verbunden, die nicht zwischen die Metatarsen der 4. und 5. Zehe eingreift: Finger- und Zehenspitzen höchstens etwas verdickt, aber niemals zu deutlichen Haftscheiben verbreitert, mit einfachen knöchernen Endphalangen. Coracoide und Praecoracoide mehr oder weniger stark divergierend; Omosternum fehlt, Sternum knorplig. Querfortsätze des Sacralwirbels mäßig stark verbreitert.

18 sichere und 8 unsichere Arten in Südamerika.

Bestimmungstabelle der Arten:

1 { 1. Zehe vollkommen deutlich ausgebildet — 2
1. Zehe ganz undeutlich ausgebildet — **15**

2 { Zehen höchstens zu $^1/_2$ ihrer Länge durch Schwimmhaut verbunden — **3**
Zehen völlig oder fast völlig durch Schwimmhaut verbunden — **8**

3	Subarticularhöcker und 2 Metatarsalhöcker deutlich ausgebildet — **4**	
	Subarticular- und Metatarsalhöcker undeutlich oder völlig fehlend — **6**	
4	Vorderkopf kurz, nicht über die Mundspalte vorspringend — **5**	
	Vorderkopf stark über die Mundspalte vorspringend (Fig. 47)	2. **A. proboscideus**
5	Zehen zu $^1/_3$ ihrer Länge durch Schwimmhaut verbunden .	1. **A. stelzneri**
	Zehen zu $^1/_2$ ihrer Länge durch Schwimmhaut verbunden: Oberseite des Kopfes aufgewölbt	3. **A. tumifrons**
6	Haut völlig glatt	11. **A. longirostris**
	Haut mindestens auf dem Rücken und an den Rumpfseiten warzig — **7**	
7	Nasenloch gleichweit von Auge und vorderem Kopfende entfernt	5. **A. oxyrhynchus**
	Nasenloch näher beim vorderen Kopfende als beim Auge (Fig. 48)	17. **A. cruciger**
8	Haut völlig glatt — **9**	
	Haut wenigstens an einzelnen Körperstellen höckerig oder warzig oder chagriniert — **11**	
9	Bei nach vorn an den Körper angelegtem Hinterbein reicht das Tibiotarsalgelenk:	
	höchstens bis zum Hinterrand des Auges	18. **A. varius**
	mindestens bis zur Augenmitte — **10**	
10	Rumpf fast 3mal so lang wie der Kopf	10. **A. elegans**
	Rumpf 2mal so lang wie der Kopf	7. **A. tricolor**
11	Vorderkopf so lang wie der Augendurchmesser	8. **A. seminiferus**
	Vorderkopf länger als der Augendurchmesser — **12**	
12	Vorderkopf deutlich über die Mundspalte vorspringend — **13**	
	Vorderkopf nicht vorspringend	14. **A. bufoniformis**
13	Rumpf fast doppelt so lang wie der Kopf	13. **A. festae**
	Rumpf $2^1/_3$(♂)—3(♀)mal so lang wie der Kopf — **14**	
14	Vorderbeine so lang wie der Rumpf	12. **A. boulengeri**
	Vorderbeine kürzer als der Rumpf	15. **A. ignescens**
15	Zehen zu $^1/_3$ ihrer Länge durch Schwimmhaut verbunden — **16**	
	Zehen zu $^3/_4$ ihrer Länge durch Schwimmhaut verbunden .	6. **A. erythropus**
16	Bei nach vorn an den Körper angelegtem Hinterbein reicht das Tibiotarsalgelenk:	
	bis zum Hinterrand des Auges — **17**	
	bis über den Vorderrand des Auges hinaus	16. **A. gracilis**
17	Kopf so lang wie breit; Oberseite schwarz und gelb oder braun mit grünen Ringflecken	4. **A. flavescens**
	Kopf länger als breit; Oberseite schwarzbraun und grün .	9. **A. pulcher**

1. **A. stelzneri** (Weyenb.) 1838 *Chaunus formosus* (descr. nulla) = *Bufo f.* (MS.), Tschudi, Classif. Batr., p. 87 | 1841 *Phryniscus nigricans* (non Wiegmann 1834), C. Duméril & G. Bibron, Erpét., v. 8 p. 723 | 1843 *P. n.*, T. Bell in: Zool. Voy. Beagle, pars 5 p. 49 t. 20 f. 3—5 | 1847 *P. n.*, Orbigny, Voy. Amér. mérid., v. 5 fasc. 1 p. 11 t. 15 f. 1—4 (Habitus, Mundhöhle, Vorderfuß) | 1858 *P. n.*, Alb. Günther, Cat. Batr. sal. Brit. Mus., p. 43 | ?1861 *P. guttatus*, A. Philippi & Landbeck in: Arch. Naturg., v. 27 I p. 300 | 1875 *P. nigricans*, Espada in: Vert. Viaje Pacif., Batr. p. 115 t. 1 f. 9 | 1875 *P. Stelzneri*, Weyenbergh in: Period. Zool., v. 1 p. 331 | 1876 *Hyla S.*, Weyenbergh in: Napp, Argent. Republik, p. 165 | 1882 *Phryniscus nigricans*, Boulenger, Cat. Batr. sal. Brit. Mus., ed. 2 p. 150 | 1885 *P. n.*, O. Boettger in: Würzburg. Z., ser. 4 v. 4 p. 240 | 1889 *P. n.*, Boulenger in: Ann. Mus. Genova, ser. 2 v. 7 p. 246 | 1892 *P. n.*, O. Boettger, Kat. Batr. Mus. Senckenb., p. 22 | 1894 *P. n.*, Boulenger in: Ann. nat. Hist.,

ser. 6 *v.* 13 p. 347 | 1894 *P. formosus*, A. Philippi in: Arch. Naturg., *v.* 601 p. 216 | 1894 *Atelopus Stelzneri*, Boulenger in: Ann. nat. Hist., ser. 6 *v.* 14 p. 375 | 1895 *A. S.*, Peracca in: Boll. Mus. Torino, *v.* 10 nr. 195 p. 22 | 1896 *A. S.*, C. Berg in: An. Mus. Buenos Aires, *v.* 5 p. 158.

Körperform gedrungen. Kopf breiter als lang; Vorderkopf kurz, abgerundet; Interorbitalraum breiter als ein oberes Augenlid. Vorderbein kürzer als der Rumpf; 1. Finger etwas kürzer als der 2.; die kurzen Zehen zu $^1/_3$ ihrer Länge durch Schwimmhaut verbunden, mit vorspringenden, doppelten Subarticularhöckern; Metacarpal- und 2 Metatarsalhöcker vorhanden. Bei nach vorn an den Körper angelegtem Hinterbein reicht das Tibiotarsalgelenk kaum bis zur Schulter. Oberseite warzig. Schwarz, in der verschiedenartigsten Weise weiß gefleckt. — L. 30 mm.

♂ mit subgularer Schallblase.

Argentinien, Uruguay.

2. **A. proboscideus** (Blgr.) 1882 *Phryniscus p.*, Boulenger, Cat. Batr. sal. Brit. Mus., ed. 2 p. 150 t. 13 f. 1 a, b (Habitus, Kopf) | 1894 *Atelopus p.*, Boulenger in: Ann. nat. Hist., ser. 6 *v.* 14 p. 375.

Körperform schlank. Kopf so lang wie breit; Rumpf $2^1/_4$—$2^1/_2$ mal so lang wie der Kopf; Vorderkopf abgestutzt, stark über die Mundspalte vorspringend (Fig. 47); Nasenloch nahe dem vorderen Kopfende; Zügelgegend vertieft; Durchmesser des Auges gleich seiner Entfernung vom Nasenloch; Interorbitalraum etwas breiter als ein oberes Augenlid. Vorderbeine so lang wie der Rumpf, Finger lang und schlank, 1. Finger fast so lang wie der 2.; Zehen mäßig lang, schlank, durch eine schwache Spur Schwimmhaut verbunden; Subarticularhöcker an Fingern und Zehen stark vorspringend; je 2 Metacarpal- und kleine Metatarsalhöcker vorhanden. Bei nach vorn an den Körper angelegtem Hinterbein reicht das Tibiotarsalgelenk bis zum Vorderrand des Auges. Haut überall mit kleinen körneligen Höckern besetzt, die mit größeren untermischt sind. Gelblichbraun, oben und unten schwärzlich marmoriert, mit sehr schmaler, heller Längslinie in der Rückenmitte; Kehle und Brust schwärzlich. — L. 46 mm.

Fig. 47.
Atelopus proboscideus (Blgr.).
Kopf von der Seite
(nach Boulenger).

Brasilien (Bahia).

3. **A. tumifrons** Blgr. 1905 *A. t.*, Boulenger in: Ann. nat. Hist., ser. 7 *v.* 16 p. 181.

Körperform gedrungen, krötenartig. Kopf etwas breiter als lang; Vorderkopf sehr kurz, nicht über die Mundspalte vorspringend, auf der Oberseite mit starker, runder, bis zwischen die Augen reichender Aufwölbung; Interorbitalraum fast doppelt so breit wie ein oberes Augenlid. 1. Finger etwas kürzer als der 2.; die mäßig langen Finger durch eine Spur, die kurzen Zehen kaum zu $^1/_2$ ihrer Länge durch Schwimmhaut verbunden; Subarticularhöcker deutlich, teilweise doppelt; 2 kleine Metatarsalhöcker vorhanden. Bei nach vorn an den Körper angelegtem Hinterbein reicht das Tibiotarsalgelenk bis zur Schulter. Haut warzig und stachelig, die größten Warzen um Mundwinkel und um den After herum kegelförmig. Schwärzlich; die Seiten des Vorderkopfes, Fingerspitzen, Unterseite der Arme, Hände und Füße, 3 Flecke an Kinn und Kehle, ein großer Fleck am Hinterbauche und unter den Oberschenkeln gelb. — L. 29 mm.

Brasilien (Pernambuco).

4. **A. flavescens** Dum. & Bibr. 1841 *A. f.*, C. Duméril & G. Bibron, Erpét., *v.* 8 p. 661 | 1858 *A. f.*, Alb. Günther, Cat. Batr. sal. Brit. Mus., p. 48 | 1871 *A. spumarius*, E. D. Cope in: P. Ac. Philad., p. 222 | 1882 *Phryniscus flavescens*, Boulenger, Cat. Batr. sal. Brit. Mus., ed. 2 p. 153 | 1904 *P. f.*, Lidth de Jeude in: Not. Leyden Mus., *v.* 25 p. 92.

Körperform schlank. Kopf so breit wie lang, Rumpf beim ♀ etwa $2^1/_2$mal, beim ♂ kaum mehr als 2mal so lang wie der Kopf; Vorderkopf etwas zugespitzt, vorspringend; Nasenloch viel näher bei der Vorderkopfspitze als beim Auge, sein Abstand vom Auge gleich dessen Durchmesser; Interorbitalraum in der Regel breiter als ein oberes Augenlid. Vorderbeine schlank, etwas länger als der Rumpf; 1. Finger sehr kurz, verkümmert; Zehen kurz, zu $^1/_3$ ihrer Länge durch Schwimmhaut verbunden; 1. Zehe ganz undeutlich; Subarticularhöcker der Finger und Zehen, Metacarpal- und Metatarsalhöcker fehlen. Bei nach vorn an den Körper angelegtem Hinterbein reicht das Tibiotarsalgelenk bis zum Hinterrand des Auges. Haut völlig glatt. Oberseite entweder gelb mit stellenweise zusammenfließenden, schwarzen Flecken auf Rücken, Flanken und Beinen oder braun mit zahlreichen grünlichgelben, schmalen Ringen, die zuweilen jederseits vom Auge bis zur Weiche ein Band bilden. Unterseite gelb, einfarbig, oder an der Kehle und unter den Gliedmaßen braun marmoriert. — L. 27 mm.

♂ mit innerer, subgularer Schallblase.

Inner-Brasilien, Guiana.

5. **A. oxyrhynchus** Blgr. 1903 *A. o.*, Boulenger in: Ann. nat. Hist., ser. 7 *v.* 12 p. 554.

Körperform ziemlich schlank. Kopf länger als breit, oben ganz flach, seitlich senkrecht abfallend; Rumpf $2—2^1/_2$mal länger als der Kopf; Vorderkopf spitz und stark vorspringend; Nasenloch gleich weit vom vorderen Kopfende und vom Auge entfernt; Interorbitalraum viel breiter als ein oberes Augenlid. Vorderbeine lang, beim ♀ schlank; Finger mäßig lang, abgeplattet, an den Enden schwach verdickt; 1. Finger sehr kurz und breit, aber gut entwickelt; Carpal- und Subarticularhöcker undeutlich; Zehen ziemlich kurz, stark abgeplattet, etwa zu $^1/_2$ ihrer Länge durch Schwimmhaut verbunden; Subarticularhöcker und Metatarsalhöcker undeutlich. Bei nach vorn an den Körper angelegtem Hinterbein reicht das Tibiotarsalgelenk bis zum Hinterrand des Auges oder zwischen Auge und Schulter. Große glatte Warzen auf dem Hinterrücken, den Seiten und den Beinen; Bauch gekörnelt oder gefeldert. Färbung sehr wechselnd: einfarbig zitronengelb, mit oder ohne einen ziegelroten Fleck auf dem Bauch, oder oben gelb, unten orangerot, oder oben olivenfarbig oder olivenbraun, mehr oder weniger dunkelbraun gefleckt und mit dunklem, bis zum vorderen Kopfende reichendem Seitenstreifen, unten zitronengelb, mit oder ohne braune Flecke. — L. 50 mm.

♂ mit innerer, subgularer Schallblase.

Venezuela, in 3—4000 m Höhe.

6. **A. erythropus** Blgr. 1903 *A. e.*, Boulenger in: Ann. nat. Hist., ser. 7 *v.* 12 p. 555.

Körperform ziemlich schlank. Kopf so lang wie breit, $^1/_2$ so lang wie der Rumpf; Vorderkopf so lang wie das Auge, abgestutzt, über die Mundspalte vorspringend, oben und an den Seiten vertieft; Nasenloch etwas näher beim vorderen Kopfende als beim Auge; Interorbitalraum so breit wie ein oberes Augenlid. Vorderbeine lang und schlank; Finger mäßig lang, abgeplattet, an den Spitzen schwach verdickt; 1. Finger sehr kurz; die ziemlich kurzen Zehen zu $^3/_4$ ihrer Länge durch Schwimmhaut verbunden; 1. Zehe sehr undeutlich; Carpal-, Metatarsal- und Subarticularhöcker undeutlich. Bei nach vorn an den Körper angelegtem Hinterbein reicht das Tibiotarsalgelenk bis zum Vorderrand des Auges. Oberseite fein gekörnelt, Unterseite glatt. Oben braun, unten weiß; Unterseite der Oberschenkel und Füße zinnoberrot. — L. 20 mm.

Santo Domingo in S. O. Peru, in 1800 m Höhe.

7. **A. tricolor** Blgr. 1902 *A. t.*, Boulenger in: Ann. nat. Hist., ser. 7 *v.* 10 p. 397.

Körperform schlank. Kopf länger als breit, etwa $^1/_2$ so lang wie der Rumpf; Vorderkopf stark vorspringend, abgestutzt, seitlich senkrecht abfallend, länger als das Auge; Nasenloch näher beim vorderen Kopfende als beim Auge; Interorbitalraum viel breiter als ein oberes Augenlid. Vorderbeine ziemlich schlank; 1. Finger sehr kurz; Finger an der Basis, Zehen fast völlig durch Schwimmhaut verbunden; Metacarpal-, Metatarsal- und Subarticularhöcker fehlen. Bei nach vorn an den Körper angelegtem Hinterbein reicht das Tibiotarsalgelenk bis zum Auge oder über dieses hinaus. Haut glatt. Oben schwarz mit runden gelben Flecken; an jeder Seite des Rückens ein gelber Streifen vom Auge zur Weiche, ebenso ein solcher rings um die Oberlippe; Unterseite gelb, seitlich und unter den Gliedmaßen schwarz marmoriert, zuweilen einige runde, schwarze Flecke am Bauche; Achsel- und Weichengegend, Hand- und Fußsohlen glänzend zinnoberrot. — L. 21 mm.

Marcapata-Tal (Ost-Peru).

8. **A. seminiferus** Cope 1874 *A. s.*, E. D. Cope in: P. Ac. Philad., p. 130 | 1882 *Phryniscus s.*, Boulenger, Cat. Batr. sal. Brit. Mus., ed. 2 p. 152 | 1894 *Atelopus s.*, Boulenger in: Ann. nat. Hist., ser. 6 *v.* 14 p. 375.

Körper langgestreckt. Vorderkopf rundlich, abgestutzt, etwas vorspringend, so lang wie der Augendurchmesser. Beine ziemlich kurz; Finger wenig, Zehen in ihrer ganzen Länge durch Schwimmhaut verbunden. Bei nach vorn an den Körper angelegtem Hinterbein reicht das Tibiotarsalgelenk bis zur Schulter. Haut oben und unten glatt, seitlich vom Kopf bis zur Weiche mit zahlreichen, dicht gedrängten, winzigen Höckerchen besetzt; eine breite Hautfalte von der Flanke bis zur Mitte des Oberschenkels. Oben dunkelbraun; jedes Höckerchen der Flanke auf schwarzem Grunde gelb hervortretend; Gliedmaßen einfarbig schwarz; Unterseite bräunlich orangefarbig. — L. 40 mm.

Peru.

9. **A. pulcher** (Blgr.) 1882 *Phryniscus p.*, Boulenger, Cat. Batr. sal. Brit. Mus., ed. 2 p. 154 | 1894 *Atelopus p.*, Boulenger in: Ann. nat. Hist., ser. 6 *v.* 14 p. 375 | 1904 *A. p.*, Peracca in: Boll. Mus. Torino, *v.* 19 nr. 465 p. 22.

Körperform schlank. Kopf etwas länger als breit, Rumpf etwa $2^1/_3$ (♂) bis $2^1/_2$ (♀) mal so lang wie der Kopf; Vorderkopf etwas spitz, abgestutzt, vorspringend, mit winkligem Canthus rostralis und senkrecht abfallender Zügelregion; Nasenloch viel näher beim vorderen Kopfende als beim Auge; sein Abstand vom Auge gleich dessen Durchmesser; Interorbitalraum breiter als ein oberes Augenlid. Vorderbeine schlank, etwas länger als der Rumpf; Finger mäßig lang; 1. Finger sehr kurz, verkümmert; Hinterbeine ziemlich schlank; die kurzen Zehen zu $^1/_3$ ihrer Länge durch Schwimmhaut verbunden; 1. Zehe ganz undeutlich. Subarticular-, Metacarpal- und Metatarsalhöcker fehlen. Bei nach vorn an den Körper angelegtem Hinterbein reicht das Tibiotarsalgelenk bis zum Hinterrand des Auges. Haut völlig glatt. Oben schwärzlich braun mit hellgrüner Zeichnung, bestehend aus einigen runden Flecken auf Kopf und Rücken, einem breiten, gebogenen Streifen an jeder Seite des Rückens und aus Streifen auf den Gliedmaßen; Unterseite karminrot, mehr oder weniger schwarz gefleckt. — L. 43 mm.

♂ mit innerer, subgularer Schallblase und mit einer Brunstschwiele auf dem 1. Finger.

Peru, Ecuador.

10. **A. elegans** (Blgr.) 1882 *Phryniscus e.*, Boulenger, Cat. Batr. sal. Brit. Mus., ed. 2 p. 155 | 1882 *P. e.*, Boulenger in: Ann. nat. Hist., ser. 5 *v.* 9 p. 464 f. | 1894 *Atelopus e.*, Boulenger, ibid., ser. 6 *v.* 14 p. 375 | 1898 *A. e.*, Boulenger in: P. zool. Soc. London, p. 119 | 1904 *A. e.*, Peracca in: Boll. Mus. Torino, *v.* 19 nr. 465 p. 22.

Körperform schlank. Kopf länger als breit, stark $^1/_3$ so lang wie der Rumpf, seitlich senkrecht abfallend; Vorderkopf vorspringend, abgestutzt, etwas länger als der Augendurchmesser; Nasenloch näher beim vorderen Kopfende als beim Auge; Interorbitalraum breiter als ein oberes Augenlid. Vorder- und Hinterbeine schlank, erstere länger als der Rumpf; 1. Finger sehr kurz; Finger an ihrer Basis, Zehen fast völlig durch Schwimmhaut verbunden; 1. Zehe sehr kurz, aber völlig deutlich; Subarticular-, Metacarpal- und Metatarsalhöcker fehlen. Bei nach vorn an den Körper angelegtem Hinterbein reicht das Tibiotarsalgelenk bis zur Augenmitte. Haut völlig glatt. Oberseite braun, grau, hellgrün oder zitronengelb, schwarz gefleckt oder vermiculiert, oder mit 4 Längsstreifen; stets zieht ein schwarzer Streifen vom vorderen Kopfende durch das Auge und an den Rumpfseiten entlang zur Weiche; Unterseite weiß, bis auf einige kleine schwarze Flecke unter den Gliedmaßen einfarbig. — L. 37 mm.

♂ mit innerer Schallblase und mit einer Brunstschwiele auf dem 1. Finger.

Ecuador.

11. **A. longirostris** Cope 1868 *A. l.*, E. D. Cope in: P. Ac. Philad., p. 116 | 1875 *A. l.*, Espada in: Vert. Viaje Pacif., Batr. p. 155 t. 2 f. 1 a—d, f. 2 a—c (Habitus, Kopf von unten, Mundhöhle, Skeletteile) | 1880 *A. varius*, Boulenger in: Bull. Soc. zool. France, *v.* 5 p. 46 | 1882 *Phryniscus longirostris*, Boulenger, Cat. Batr. sal. Brit. Mus., ed. 2 p. 153 | 1889 *P. boussingaulti*, Thominot in: Bull. Soc. philom., ser. 8 *v.* 1 p. 28 | 1901 *Atelopus longirostris* var. *marmorata*, F. Werner in: Verh. Ges. Wien, *v.* 51 p. 600.

Körperform schlank. Vorderkopf erheblich länger als der Augendurchmesser, spitz, stark über die Mundspalte vorspringend, an den Seiten senkrecht abfallend; Nasenloch viel näher beim vorderen Kopfende als beim Auge. Vorderbeine länger als der Rumpf; 1. Finger kurz; 1. Zehe sehr kurz; Zehen etwa zu $^1/_2$ ihrer Länge durch Schwimmhaut verbunden; Subarticular- und Metatarsalhöcker fehlen. Bei nach vorn an den Körper angelegtem Hinterbein reicht das Tibiotarsalgelenk bis zum Vorderrand des Auges. Haut glatt. Oberseite schwarz, mit je 1 grünlichem Fleck auf jeder Schulter und 2—3 Paar solcher Flecke auf jeder Seite des Rückens; Oberschenkel hinten gelb mit schwarzer Längsbinde in der proximalen Hälfte und 2 schwarzen Querbinden in der distalen Hälfte; Oberlippe und Unterseite gelb. Die var. *marmorata* Wern. ist oben auf dunkelgrauem Grunde dunkelbraun marmoriert, auf Kehle und Bauch rötlich. — L. ?

Ecuador.

12. **A. boulengeri** Prcc. 1904 *A. b.*, Peracca in: Boll. Mus. Torino, *v.* 19 nr. 465 p. 20.

Körperform ziemlich schlank. Kopf so lang wie breit oder wenig breiter als lang, beim ♂ $^2/_5$, beim ♀ $^1/_3$ so lang wie der Rumpf; Vorderkopf etwas zugespitzt, ziemlich stark über die Unterlippe vorspringend, $1^1/_2$ mal so lang wie der Augendurchmesser, mit vorspringendem Canthus rostralis und senkrecht abfallender, stark vertiefter Zügelregion; Nasenloch näher beim vorderen Kopfende als beim Auge, sein Abstand vom Auge gleich oder fast gleich dem Augendurchmesser; Interorbitalraum beim ♂ wenig breiter, beim ♀ $1^1/_2$ mal so breit wie ein oberes Augenlid. Vorderbeine schlank, so lang wie der Rumpf; 1. Finger kurz, aber gut entwickelt; Finger durch eine Spur Schwimmhaut, Zehen bis zur Spitze durch Schwimmhaut verbunden, die die 1. Zehe völlig einschließt; Subarticularhöcker undeutlich, je 2 Metacarpal- und Metatarsalhöcker vorhanden. Bei nach vorn an den Körper angelegtem Hinterbein reicht das Tibiotarsalgelenk beim ♂ bis zum Hinterrand des Auges, beim ♀ nicht ganz so weit. Haut an den Flanken und auf den Gliedmaßen höckerig, am Bauch gekörnelt, sonst glatt. Oberseite rot- oder graubraun, Kopf- und Rumpfseiten gelblichweiß, scharf dagegen abgesetzt. Gliedmaßen oben braun mit Ausnahme der 2 ersten Finger und der 3 ersten Zehen; Ellbogen, lateraler Teil der Hand, Pubicalregion. Knie, Ferse und der größere Teil der Unterseite der Gliedmaßen gelblich, zuweilen eine gelbliche Binde längs der Oberseite von Ober- und Unterarm, Ober- und Unterschenkel und des Tarsus. — L. 63 mm.

♂ mit innerer, subgularer Schallblase und einer Brunstschwiele auf dem 1. Finger.

Ost-Ecuador.

13. **A. festae** Prcc. 1904 *A. f.*, Peracca in: Boll. Mus. Torino, *v.* 19 nr. 465 p. 18.

Körperform gedrungen. Kopf dreieckig, breiter als lang, Rumpf fast doppelt so lang wie der Kopf; Vorderkopf stark vorspringend, mit einem spitzen, abgeplatteten Hautanhang, mit vorspringendem, mit kleinen Dornen besetztem Canthus rostralis und vertiefter Zügelregion; Nasenloch näher beim vorderen Kopfende als beim Auge, sein Abstand vom Auge ist größer als der Augendurchmesser; Interorbitalraum $2^1/_2$ mal so breit wie ein oberes Augenlid. Oberseite des Kopfes zwischen den Canthi rostrales, schwachen Supra- und Postorbitalleisten und kräftigen Orbitotympanalleisten stark vertieft. Vorderbeine merklich kürzer als der Rumpf; Schwimmhaut am sehr langen 3. Finger die beiden letzten Glieder, sonst nur das letzte Glied eines jeden Fingers frei lassend; am Hinterfuß bleiben an der 4. Zehe die beiden letzten Glieder, sonst kaum die Spitze einer jeden Zehe frei von Schwimmhaut; Subarticularhöcker undeutlich, je 2 Metacarpal- und Metatarsalhöcker vorhanden. Bei nach vorn an den Körper angelegtem Hinterbein reicht das Tibiotarsalgelenk bis zur Schulter; Oberschenkel teilweise von einer Hautfalte umhüllt. Haut chagriniert und mit kleinen, kugelförmigen, unregelmäßig verteilten Warzen besetzt, die auf den Augenlidern und den Hinterbeinen besonders zahlreich sind; längs einer von der Orbitotympanalleiste zur Weiche ziehenden Lateralfalte sind sie unregelmäßig ausgebildet und seitlich zusammengedrückt; oberhalb der Schultern an den Halsseiten ein Drüsenwulst. Färbung einförmig braunschwarz. — L. 37 mm.

Ecuador.

14. **A. bufoniformis** Prcc. 1904 *A. b.*, Peracca in: Boll. Mus. Torino, *v.* 19 nr. 465 p. 20.

Körperform gedrungen. Kopf dick, etwas breiter als lang, stark $^1/_2$ so lang wie der Rumpf; Vorderkopf etwas zugespitzt, nicht vorspringend, länger als der Augendurchmesser; Nasenloch vom vorderen Kopfende und vom Auge gleichweit entfernt; Canthus rostralis abgerundet, Zügelregion schief abfallend, vertieft; Interorbitalraum doppelt so breit wie ein oberes Augenlid; Vorderbeine schlank, kürzer als der Rumpf; Schwimmhaut der Hand nur das letzte Glied des 4. Fingers und die beiden letzten Glieder des 3. Fingers frei lassend; Zehen außer der 4. sehr kurz, völlig durch Schwimmhaut verbunden; Subarticularhöcker-, Metacarpal- und Metatarsalhöcker fehlen. Bei nach vorn an den Körper angelegtem Hinterbein reicht das Tibiotarsalgelenk kaum bis zur Schulter. Haut außer in der Zügelregion gleichmäßig höckerig gefeldert. Ober- und Unterseite braunschwarz, letztere mit gelblichen, den Hauthöckern entsprechenden Fleckchen auf der Kehle und dem Vorderbauche. — L. 26,5 mm.

Ecuador.

15. **A. ignescens** (Corn.) 1849 *Phryniscus i.*, Cornalia, Vert. Syn. Mus. Mediol., p. 316 | 1858 *P. laevis*, Alb. Günther, Cat. Batr. sal. Brit. Mus., p. 43 t. 3 f. A | 1859 *P. l.*, Alb. Günther in: P. zool. Soc. London, *v.* 27 p. 417 | 1867 *Phrynidium laeve*, E. D. Cope in: J. Ac. Philad., ser. 2 *v.* 6 p. 196 | 1868 *Atelopus laevis*, E. D. Cope in: P. Ac. Philad., p. 117 | 1875 *A. ignescens*, Espada in: Vert. Viaje Pacif., Batr. p. 139 t. 1 f. 7, a, 8 (Habitus, Mundhöhle) | 1882 *Phryniscus laevis*, Boulenger, Cat. Batr. sal. Brit. Mus., ed. 2 p. 151 | 1892 *P. l.* + var. *exigua*, O. Boettger, Kat. Batr. Mus. Senckenb., p. 22 | 1899 *Atelopus subornatus* + *A. flaviventris*, F. Werner in: Verh. Ges. Wien, *v.* 49 p. 475, 476 | 1904 *A. ignescens*, Peracca in: Boll. Mus. Torino, *v.* 19 nr. 465 p. 19.

Körperform ziemlich gedrungen. Kopf so breit wie lang; Rumpf beim ♂ $2^1/_3$—$2^1/_2$, beim ♀ fast 3mal so lang wie der Kopf; Vorderkopf ziemlich stark vorspringend, länger als der Augendurchmesser; Oberseite des Kopfes und Zügelregion vertieft; Nasenloch etwas näher beim vorderen Kopfende als beim Auge; Interorbitalraum breiter als ein oberes Augenlid. Vorderbeine kürzer als der Rumpf; Finger und Zehen ziemlich kurz, abgeplattet; Finger mit verdickten Spitzen und an der Basis, Zehen bis auf das letzte Glied der 5. und die beiden letzten Glieder der 4. Zehe durch Schwimmhaut verbunden; 1. Finger fast so lang wie der 2.; Subarticularhöcker der Finger deutlich, die der Zehen sehr undeutlich; Metacarpalhöcker und 2 flache Metatarsalhöcker mehr oder weniger deutlich. Bei nach vorn an den Körper angelegtem Hinterbein reicht das Tibiotarsalgelenk beim ♂ zwischen Auge und Schulter, beim ♀ nur bis zu letzterer. Oberseite glatt oder mit flachen Warzen besetzt; Rumpfseiten, Oberarm und Oberseite der Oberschenkel mit kleinen Dornenwarzen besetzt. Färbung sehr wechselnd: oben häufig einfarbig schwärzlichbraun, unten gelblich, Aftergegend gewöhnlich braun; oder oben auf grauem Grunde gelb und schwärzlichbraun marmoriert, oder oben einfarbig purpurbraun, Flanken grünlich oder purpurfarbig, weiß punktiert, Gliedmaßen grün, unten grünlichgelb; oder oben glänzendgrün mit unregelmäßigen Purpurflecken, am Bauche und unter den Oberschenkeln lebhaft orangefarbig, sonst unten grünlich gelb; die var. *exigua* Boettg. zeigt die zuletzt beschriebene Färbung ohne die Flecken der Oberseite. — L. 37 mm.

♂ mit subgularer Schallblase.

Ecuador, Columbien.

16. **A. gracilis** Barb. 1905 *A. g.*, Barbour in: Bull. Mus. Harvard, *v.* 46 p. 102.

A. flavescens (nr. 4.) sehr ähnlich, unterscheidet sich von ihm in folgenden Punkten: Rumpf beim alten ♂ $2^1/_2$, beim alten ♀ 3mal so lang wie der Kopf. Bei nach vorn an den Körper angelegtem Hinterbein reicht das

Tibiotarsalgelenk ein wenig über das Auge hinaus. Färbung tiefbraun mit rotbraunen Längsstreifen, zuweilen auch mit einem weißen Lateralstreifen vom Auge zur Weiche. — L. ?

Gorgona-Insel (Columbien).

17. **A. cruciger** (Lcht. & Marts.) 1856 *Phrynidium crucigerum*, H. Lichtenstein & E. Martens, Nomencl. Rept. Mus. Berolin., p. 41 | 1857 *Hylaemorphus Bibronii* + *Phirix pachydermus*, O. Schmidt in: SB. Ak. Wien, *v.* 24 p. 14, 15 | 1858 *H. B.* + *P. p.*, O. Schmidt in: Denk. Ak. Wien, *v.* 14 p. 256 t. 3 f. 25, 26 | 1858 *Phryniscus cruciger* + *P. b.*, Alb. Günther, Cat. Batr. sal. Brit. Mus., p. 44, 136, 137 t. 3 f. B (Habitus, Kopf, Mundhöhle) | 1867 *Phrynidium crucigerum* + *P. b.*, E. D. Cope in: J. Ac. Philad., ser. 2 *v.* 6 p. 196 | ? 1875 *Atelopus planispina*, Espada in: Vert. Viaje Pacif., Batr. p. 148 | 1882 *Phryniscus cruciger* + *P. bibronii*, Boulenger, Cat. Batr. sal. Brit. Mus., ed. 2 p. 154, 155 | 1883 *P. c.*, P. Brocchi in: Miss. Mex., pars 3 sect. 2 p. 97 | 1894 *Atelopus c.* + *A. bibronii*, Boulenger in: Ann. nat. Hist., ser. 6 *v.* 14 p. 375.

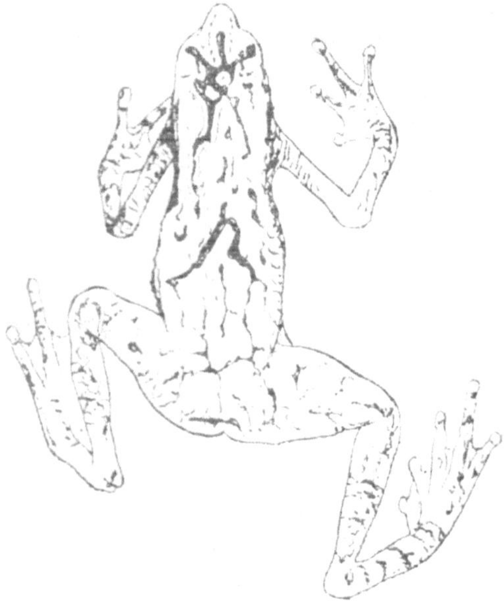

Fig. 48. **Atelopus cruciger** Lcht. & Marts. (nach Alb. Günther).

Körperform schlank. Kopf länger als breit, beim ♂ $^4/_5$, beim ♀ $^1/_3$ so lang wie der Rumpf; Vorderkopf vorspringend, abgestutzt, länger als der Augendurchmesser; Nasenloch näher beim vorderen Kopfende als beim Auge; Interorbitalraum breiter als ein oberes Augenlid; Vorderbein länger als der Rumpf; 1. Finger sehr kurz; Finger an der Basis, die an der Spitze verdickten Zehen zu $^1/_2$ ihrer Länge durch Schwimmhaut verbunden; 1. Zehe sehr kurz, aber völlig deutlich; Finger ohne, Zehen mit undeutlichen Subarticularhöckern, Metacarpal- und Metatarsalhöcker undeutlich. Bei nach vorn an den Körper angelegtem Hinterbein reicht das Tibiotarsalgelenk bis zum Auge oder etwas über dieses hinaus. Oberseite warzig. Oben olivenfarbig, schwarz punktiert und mit mehr oder weniger regelmäßiger schwarzer Zeichnung (Fig. 48): ein schwarzer Streifen zieht durch das Auge und an den Rumpfseiten entlang; Unterseite einfarbig weißlich. — L. 76 mm.

♂ mit innerer, subgularer Schallblase.

Venezuela, Columbien und Centralamerika.

18. **A. varius** Stann. 1856 *A. v.*, Stannius in: Siebold & Staunius, Handb. Zoot., ed. 2 v. 2 p. 16 (descr. nulla) | 1856 *Phrynidium varium* var. *maculatum* + var. *adspersum*, H. Lichtenstein & E. Martens, Nomencl. Rept. Mus. Berolin., p. 40 | 1857 *Hylaemorphus Dumerilii*, O. Schmidt in: SB. Ak. Wien, v. 24 p. 14 | 1858 *H. D.*, O. Schmidt in: Denk. Ak. Wien, v. 14 p. 255 t. 3 f. 23, 24 (Habitus, Sacralwirbel) | 1858 *Phryniscus varius*, Alb. Günther, Cat. Batr. sal. Brit. Mus., p. 45, 137 | 1867 *Phrynidium varium*, E. D. Cope in: J. Ac. Philad., ser. 2 v. 6 p. 196 | 1867 *Atelopus varius*, W. Keferstein in: Nachr. Ges. Götting., p. 350 | 1868 *A. v.*, W. Keferstein in: Arch. Naturg., v. 341 p. 292 t. 8 f. 33, 34 (Habitus, Schultergürtel) | 1873 *A. v.* var. *maculata*, Peters in: Monber. Ak. Berlin, p. 618 | 1876 *A. v.*, E. D. Cope in: J. Ac. Philad., ser. 2 v. 8 p. 102 | 1882 *Phryniscus v.*, Boulenger, Cat. Batr. sal. Brit. Mus., ed. 2 p. 152 | 1882/83 *Atelopus v.* + *Phryniscus Dumerilii*, P. Brocchi in: Miss. Mex., pars 3 sect. 2 p. 96, 98 t. 11 f. 1a—d (Habitus, Kopf, Mundhöhle, Füße) | 1900 *Atelopus varius*, Alb. Günther in: Biol. Centr. Amer., Rept. Batr. p. 208 t. 62 f. A—C.

Körperform schlank. Kopf so lang wie breit; Rumpf beim ♂ 2—2⅓, beim ♀ 2½—2⅔mal so lang wie der Kopf; Vorderkopf etwas zugespitzt, vorspringend, seitlich senkrecht abfallend; Nasenloch viel näher beim vorderen Kopfende als beim Auge; sein Abstand vom Auge gleich dessen Durchmesser; Interorbitalraum beim ♂ nicht oder nur wenig, beim ♀ beträchtlich breiter als ein oberes Augenlid. Vorderbeine so lang wie oder etwas länger als der Rumpf; 1. Finger kurz, aber deutlich erkennbar; die mäßig langen übrigen Finger, ebenso wie die ziemlich kurzen, fast völlig durch Schwimmhaut verbundenen Zehen, ohne Subarticularhöcker; Metacarpalhöcker ziemlich undeutlich, Metatarsalhöcker fehlen. Bei nach vorn an den Körper angelegtem Hinterbein reicht das Tibiotarsalgelenk beim ♂ bis zum Hinterrand des Auges, beim ♀ nicht ganz so weit. Haut völlig glatt. Oben schwarz mit roter, gelber oder grüner Zeichnung, die aus meist unregelmäßigen, seltener symmetrischen Flecken, Quer- oder Längsbinden besteht; manche Tiere zeigen auf dem grauen Rücken gelbe, schwarz eingefaßte Binden (Günther l. c. 1900 f. C); auch kommen bräunlich olivenfarbene, dunkel gesprenkelte und punktierte Tiere vor; Unterseite gelb oder rosa mit mehr oder weniger zahlreichen schwarzen Flecken. — L. 52 mm.

Columbien bis Guatemala.

? **A. alacer** (Phil.) 1902 *Phryniscus a.*, A. Philippi, Supl. Batr. Chilen., p. 20.
Chile.

? **A. asper** (Phil.) 1902 *Phryniscus a.*, A. Philippi, Supl. Batr. Chilen., p. 23.
Chile.

? **A. carbonarius** (Phil.) 1902 *Phryniscus c.*, A. Philippi, Supl. Batr. Chilen., p. 16.
Chile.

? **A. connectens** (Phil.) 1902 *Phryniscus c.*, A. Philippi, Supl. Batr. Chilen., p. 24.
Montevideo.

? **A. formosus** (Phil.) 1902 *Phryniscus f.*, A. Philippi, Supl. Batr. Chilen., p. 15.
Chile.

? **A. monticola** (Phil.) 1902 *Phryniscus m.*, A. Philippi, Supl. Batr. Chilen., p. 13.
Chile.

? **A. pictus** (Phil.) 1902 *Phryniscus p.*, A. Philippi, Supl. Batr. Chilen., p. 18 t. 2 f. 4.
Chile.

? **A. sexmaculatus** (Phil.) 1902 *Phryniscus s.*, A. Philippi, Supl. Batr. Chilen., p. 22 t. 1 f. 8.
Chile.

B. Unterfam. **Dyscophinae**

1881 *Micrhylina* (part.), O. Boettger in: Abh. Senckenb. Ges., *v.* 12 p. 516 | 1882 *Dyscophidae,* Boulenger, Cat. Batr. sal. Brit. Mus., ed. 2 p. 179, 473 | 1889 *Cophylidae* + *Dyscophidae,* E. D. Cope in: Bull. U. S. Mus., *v.* 34 p. 390 | 1901 *Dyscophinae,* Gadow in: Cambridge nat. Hist., *v.* 8 p. 235 | 1910 *Dyscophidae,* Boulenger in: Enc. sci., Batr. p. 151.

Oberkiefer bezahnt. Querfortsätze des Sacralwirbels stark verbreitert.

11 Gattungen mit 24 sicheren Arten auf Madagaskar und in der orientalischen Region.

Bestimmungstabelle der Gattungen:

1	Pupille vertical — **2**	
	Pupille horizontal — **5**	
2	Praecoracoide verknöchert; Finger- und Zehenspitzen nicht verbreitert — **3**	
	Praecoracoide nicht verknöchert — **4**	
3	Sternum groß (Fig. 49)	1. Gen. **Dyscophus**
	Sternum klein	2. Gen. **Calluella**
4	Finger- und Zehenspitzen nicht verbreitert; Sternum groß	3. Gen. **Colpoglossus**
	Finger- und Zehenspitzen verbreitert; Sternum klein .	4. Gen. **Plethodontohyla**
5	Gaumenzähne in langen Querreihen — **6**	
	Gaumenzähne in 1 oder 2 kleinen Gruppen oder völlig fehlend — **9**	
6	Praecoracoide verknöchert (Fig. 52); Finger- und Zehenspitzen verbreitert — **7**	
	Praecoracoide nicht verknöchert (Fig. 53); Finger- und Zehenspitzen nicht verbreitert	8. Gen. **Phrynocara**
7	Sternum groß (Fig. 52) — **8**	
	Sternum klein	6. Gen. **Platyhyla**
8	Zehen mit Schwimmhaut; knöcherne Endphalangen an der Spitze knopfförmig verdickt (Fig. 51) . .	5. Gen. **Dyscophina**
	Zehen ohne Schwimmhaut; knöcherne Endphalangen T-förmig	7. Gen. **Mantipus**
9	Gaumenzähne in 1 oder 2 kleinen Gruppen — **10**	
	Gaumenzähne fehlen	11. Gen. **Anodonthyla**
10	Gaumenzähne in 2 kleinen Gruppen	9. Gen. **Platypelis**
	Gaumenzähne in 1 Gruppe	10. Gen. **Cophyla**

1. Gen. **Dyscophus** Grandidier

1872 *D.,* Grandidier in: Ann. Sci. nat., ser. 5 *v.* 15 art. 20 p. 10 | 1882 *D.* Boulenger, Cat. Batr. sal. Brit. Mus., ed. 2 p. 180, 473 f. (Schultergürtel).

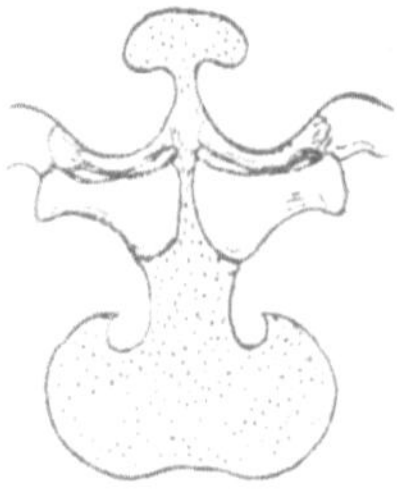

Fig. 49. **Dyscophus** Grandid. Schultergürtel (nach Boulenger).

Pupille vertical. Zunge oval, ganzrandig, hinten frei abhebbar. Gaumenzähne in 2 langen, geraden oder gebogenen Querreihen hinter den Choanen; 1 gezähnelte Hautfalte vor dem Schlund. Finger- und Zehenspitzen nicht verbreitert, mit einfachen knöchernen Endphalangen. Finger frei, Zehen meistens durch Schwimmhaut verbunden, die aber nicht zwischen die Metatarsen der 4. und 5. Zehe eingreift. Praecoracoide verknöchert, den kräftigen Coracoiden aufliegend; Omosternum klein, knorplig; Sternum eine große ankerförmige Knorpelplatte (Fig. 49). Querfortsätze des Sacralwirbels mäßig stark verbreitert.

6 Arten auf Madagaskar.

Bestimmungstabelle der Arten:

1	Keine Hautfalte auf dem Hinterkopf — 2	
	Eine deutliche quere Hautfalte unmittelbar hinter den Augen — 4	
2	Nasenloch näher beim vorderen Kopfende als beim Auge; Kopf- und Rumpfseiten ohne Hautfalten — 3	
	Nasenloch gleichweit von Auge und Schnauzenspitze entfernt; zwischen Auge und Schulter und an jeder Rumpfseite je 1 Längsfalte	5. **D. grandidieri**
3	Zehen fast völlig frei; Oberseite glatt	1. **D. insularis**
	Zehen zu $^1/_3$ ihrer Länge durch Schwimmhaut verbunden; Oberseite gekörnelt	6. **D. beloensis**
4	Zehen mit deutlicher Schwimmhaut; Gaumenzahnreihen völlig gerade oder am medialen Ende umgebogen — 5	
	Zehen völlig frei; Gaumenzahnreihen nach hinten convex .	4. **D. alluaudii**
5	Gaumenzahnreihen völlig gerade; Oberseite mit rautenförmiger Zeichnung	2. **D. guineti**
	Gaumenzahnreihen am medialen Ende nach hinten umgebogen; Oberseite einfarbig	3. **D. antongilii**

1. **D. insularis** Grandid. 1872 *D. i.*, Grandidier in: Ann. Sci. nat., ser. 5 *v.* 15 art. 20 p. 10 | 1882 *D. i.* (part.), Boulenger, Cat. Batr. sal. Brit. Mus., ed. 2 p. 180.

Gaumenzähne in 2 langen, völlig geraden Querreihen hinter den Choanen. Nasenloch viel näher beim vorderen Kopfende als beim Auge; Trommelfell unsichtbar. Finger und Zehen fast völlig frei; medialer Metatarsalhöcker schaufelförmig. Kopf und Rücken glatt, Flanken und Unterseite gekörnelt. Oberseite rötlichbraun, dunkelbraun vermiculiert mit sehr fein hell gesäumten Flecken; Flanken rötlich, Unterseite rötlichbraun. — L. 35 mm.

Madagaskar.

2. **D. guineti** (Grandid.) 1875 *Kaloula G.*, Grandidier in: Ann. Sci. nat., ser. 6 *v.* 2 art. 6 | 1877 *Dyscophus insularis*, Grandidier in: Bull. Soc. philom., ser. 7 *v.* 1 p. 41 | 1877 *D. Guineti*, Alb. Günther in: Ann. nat. Hist., ser. 4 *v.* 19 p. 317 | 1882 *D. insularis* (part.), Boulenger, Cat. Batr. sal. Brit. Mus., ed. 2 p. 180 | 1882 *D. i.*, Friedr. Müller in: Verh. Ges. Basel, *v.* 7 p. 136 | 1882 *Discophus Guineti* (part.), Steindachner in: SB. Ak. Wien, *v.* 85 p. 191 t. 3 f. 1—5 (Habitus, Kopf, Mundhöhle, Zunge, Füße) | 1895 *Dyscophus G.*, F. Mocquard in: Bull. Soc. philom., ser. 8 *v.* 7 p. 109.

Gaumenzähne in 2 geraden, in der Mitte getrennten Querreihen hinter den Choanen. Kopf breit, abgerundet; Nasenloch näher beim Auge als beim vorderen Kopfende; Trommelfell undeutlich. Finger frei, Zehen mit deutlicher Schwimmhaut. Augenlider, Aftergegend, Ober- und Hinterseite des Oberschenkels mit kleinen Warzen besetzt; eine feine Querfalte unmittelbar hinter den Augen, je 1 wulstige Hautfalte vom hinteren Augenrand zur Armwurzel und zur Lendengegend. Von der weinroten Oberseite hebt sich ein großer, länglich rautenförmiger, von einem schwarzen und einem grauvioletten Bande umgebener Raum ab, der einige schwarze Flecke umschließt; eine breite, dunkle Binde vom unteren Augenrand zur Oberlippe; ein breiter, dunkelbrauner bis schwarzer, am unteren Rande unscharfer Lateralstreifen zieht vom Auge an unmittelbar unter der seitlichen Längsfalte hin bis zu den Weichen. — L. 90 mm.

Madagaskar.

3. **D. antongilii** Grandid. 1877 *D. insularis* var. *antongilii* + var. *pallidus*, Grandidier in: Bull. Soc. philom., ser. 7 *v.* 1 p. 41, 42 | 1880 *D. sanguineus*, O. Boettger in: Zool. Anz., *v.* 3 p. 567 | 1881 *D. s.*, O. Boettger in: Abh. Senckenb. Ges., *v.* 12 p. 489

t. 3 f. 13 a—d (Habitus, Mundhöhle, Füße) | 1882 *D. antongilii*, Boulenger, Cat. Batr. sal. Brit. Mus., ed. 2 p. 180 | 1882 *Discophus Guineti* (part.), Steindachner in: SB. Ak. Wien, *v.* 85 p. 191 | 1895 *Dyscophus antongilii* + var. *pallidus*, F. Mocquard in: Bull. Soc. philom., ser. 8 *v.* 7 p. 110.

Gaumenzähne in 2 langen, am medialen Ende nach hinten umgebogenen Querreihen hinter den Choanen. Vorderkopf kurz, abgerundet, mit undeutlichem Canthus rostralis; Interorbitalraum etwas breiter als ein oberes Augenlid; Trommelfell deutlich, $^2/_3$ so breit wie das Auge. 1. und 2. Finger gleich lang; Zehen zu $^1/_3$ ihrer Länge durch Schwimmhaut verbunden; Finger- und Zehenspitzen stumpf; Subarticularhöcker gut entwickelt; medialer Metatarsalhöcker ziemlich kräftig, oval, seitlich zusammengedrückt, stumpfrandig. Bei nach vorn an den Körper angelegtem Hinterbein reicht das Tarsometatarsalgelenk bis vor das Auge. Oberseite glatt oder undeutlich höckerig, reich an Drüsenporen; Augenlider höckerig; eine Querfalte zwischen den Hinterrändern der Augen; je 1 Hautfalte vom Auge zur Schulter und zur Weiche; Unterseite glatt. Oben einfarbig rot oder gelblich (var. *pallidus* Mocq.); ein purpurfarbiger Streifen unterhalb der Seitenfalte; Unterseite gelblichweiß, sehr fein grau gesprenkelt. — L. 95 mm.

Madagaskar.

4. **D. alluaudii** Mocq. 1901 *D. A.*, F. Mocquard in: Bull. Mus. Paris, *v.* 7 p. 254 | 1902 *D. A.*, F. Mocquard in: Bull. Soc. philom., ser. 9 *v.* 4 p. 22 t. 2 f. 3.

Gaumenzähne in 2 langen, nach hinten konvexen, fast aneinander stoßenden Querreihen hinter den Choanen. Kopf abgeplattet, viel breiter als lang; Vorderkopf abgestutzt, viel kürzer als der Interorbitalraum, der fast doppelt so breit ist wie ein oberes Augenlid; Nasenloch näher beim vorderen Kopfende als beim Auge; Canthus rostralis sehr deutlich; Zügelregion schief abfallend, vertieft; Trommelfell undeutlich. Finger und Zehen kurz und frei; 1. Finger kürzer als der 2.; Subarticularhöcker wenig entwickelt; Metacarpal- und medialer Metatarsalhöcker ziemlich stark vorspringend. Bei nach vorn an den Körper angelegtem Hinterbein reicht das Tarsometatarsalgelenk bis zum Auge. Oberseite fein gekörnelt, Unterseite glatt; eine Hautfalte quer über den Hinterkopf und jederseits bis zur Armwurzel herab. Oben dunkelbraun, unten heller; Vorderkopf, eine breite Querbinde zwischen den Augen und 2 unregelmäßige Dorsolateralbinden braun; je eine mehr oder weniger deutliche dunkle Querbinde auf dem Unterarm, in jeder Weiche, auf dem Ober- und dem Unterschenkel; zahlreiche braune Flecke auf den Bauchseiten und oben auf dem Oberschenkel; letzterer hinten braun mit grauweißen Augenflecken; Unterseite von Unterschenkel und Fuß dunkelbraun. — L. 46 mm.

Madagaskar.

5. **D. grandidieri** Blgr. 1896 *D. G.*, Boulenger in: Ann. nat. Hist., ser. 6 *v.* 17 p. 404.

Gaumenzähne in 2 langen, fast geraden, nur wenig voneinander entfernten Querreihen. Kopf $1^1/_2$ mal so breit wie lang; Vorderkopf abgerundet, schmaler als bei *D. guineti* und *D. antongilii* (nr. 2 & 3.); Nasenloch gleichweit vom Auge und vorderen Kopfende entfernt; Interorbitalraum etwas breiter als ein oberes Augenlid; Trommelfell deutlich. 1. und 2. Finger gleich lang; Zehen an der Basis durch Schwimmhaut verbunden; medialer Metatarsalhöcker schaufelförmig, so lang wie die 1. Zehe. Bei nach vorn an den Körper angelegtem Hinterbein reicht das Tarsometatarsalgelenk bis zum Auge. Haut dick, oben fein gekörnelt; jederseits je 1 Falte vom Auge zum Arm und eine Dorsolateralfalte. Oben olivenfarbig, an den Seiten heller; zwischen den Augen ein dreieckiger, dunkler Fleck; vor und hinter dem Auge je 1 dunkler Längsstreifen; ein dunkler, hell gesäumter Streifen auf der Lateralfalte. Unterseite schmutzig weiß, auf Kehle und Brust braun gefleckt. — L. 33 mm.

S. W. Madagaskar.

6. **D. beloensis** Mocq. 1900 *D. insularis* (non Grandidier 1877), F. Mocquard in: Bull. Soc. philom., ser. 9 v. 2 p. 111 | 1902 *D. beloensis*, F. Mocquard ibid., ser. 9 v. 4 p. 23 (nota) t. 2 f. 4.

Gaumenzähne in 2 geraden, in der Mitte deutlich getrennten Querreihen hinter den Choanen. Kopf breiter als lang; Vorderkopf abgerundet, etwas kürzer als der Augendurchmesser, mit stumpfem Canthus rostralis; Nasenloch näher beim vorderen Kopfende als beim Auge; Interorbitalraum $1^1/_2$ mal so breit wie ein oberes Augenlid; Trommelfell undeutlich. Finger frei, Zehen zu $^1/_3$ ihrer Länge durch Schwimmhaut verbunden; 1. Finger kürzer als der 2.; 1 kleiner Metacarpalhöcker und gut ausgebildete Subarticularhöcker vorhanden; medialer Metatarsalhöcker gut entwickelt, seitlich zusammengedrückt. Bei nach vorn an den Körper angelegtem Hinterbein reicht das Tarsometatarsalgelenk etwas über die Schulter hinaus. Oberseite und die Unterseite der Oberschenkel fein gekörnelt, sonst Haut glatt und ohne alle Hautfalten. Oben einfarbig dunkelbraun; eine undeutliche, schmale, etwas hellere Binde zieht vom Auge zur Weiche; Unterseite grau, braun verwaschen. — L. 38 mm.

Madagaskar.

2. Gen. **Calluella** Stoliczka

1872 *C.*, Stoliczka in: P. Asiat. Soc. Bengal, p. 146 | 1882 *C.*, Boulenger, Cat. Batr. sal. Brit. Mus., ed. 2 p. 181 | 1890 *C.*, Boulenger, Fauna Brit. Ind., Rept. Batr. p. 498.

Pupille vertical. Zunge oval, ganzrandig, hinten frei abhebbar. Gaumenzähne in 2 Querreihen; vor dem Schlund 2 quere Hautfalten; Trommelfell unsichtbar. Finger frei, Zehen durch Schwimmhaut verbunden, die nicht zwischen die Metatarsen der 4. und 5. Zehe eingreift; Finger- und Zehenspitzen nicht verbreitert, mit einfachen knöchernen Endphalangen. Praecoracoide schwach, unvollständig verknöchert, den kräftigen Coracoiden aufliegend; Omosternum fehlt, Sternum eine kleine Knorpelplatte. Querfortsätze des Sacralwirbels mäßig stark verbreitert.

1 Art in Indien.

1. **C. guttulata** (Blyth) 1856 *Megalophrys g.*, Blyth in: J. Asiat. Soc. Bengal, v. 24 p. 717 | 1868 *Callula g.*, Alb. Günther in: P. zool. Soc. London, p. 490 t. 40 f. 1 | 1872 *Calluella g.*, Stoliczka in: P. Asiat. Soc. Bengal, p. 146 | 1882 *C. g.*, Boulenger, Cat. Batr. sal. Brit. Mus., ed. 2 p. 181 | 1890 *C. g.*, Boulenger, Fauna Brit. Ind., Rept. Batr. p. 498 f. 137 (Gaumen).

Kopf klein; Vorderkopf kurz, abgerundet; Interorbitalraum breiter als ein oberes Augenlid. Finger und Zehen mäßig lang, stumpf; 1. Finger etwas kürzer als der 2.; Zehen zu weniger als $^1/_3$ ihrer Länge durch Schwimmhaut verbunden; Subarticularhöcker gut entwickelt; medialer Metatarsalhöcker groß, schaufelförmig. Bei nach vorn an den Körper angelegtem Hinterbein reicht das Tarsometatarsalgelenk bis zum Auge. Haut völlig glatt; eine ziemlich undeutliche Querfalte hinter den Augen und eine Hautfalte vom Auge zur Schulter. Oberseite rot oder gelblich olivenfarben, spärlich braun marmoriert, die braune Zeichnung schwarz gesäumt; ein breiter schwarzer Querstreifen über dem After und hinter den Oberschenkeln; Unterseite ungefleckt. — L. 50 mm.

♂ mit schwärzlicher Kehle und subgularer Schallblase.

Pegu und Tenasserim.

3. Gen. **Colpoglossus** Boulenger

1904 *C.*, Boulenger in: Ann. nat. Hist., ser. 7 *v.* 13 p. 42 t. 2.

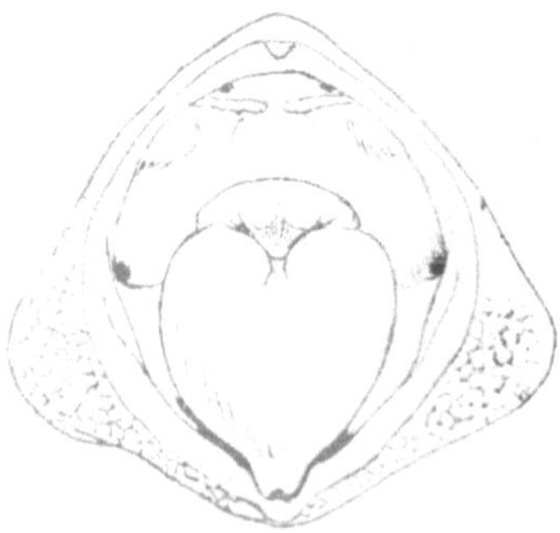

Fig. 50. **Colpoglossus brooksii** Blgr. Mundhöhle (nach Boulenger).

Pupille vertical elliptisch. Zunge groß, oval, ganzrandig, hinten frei abhebbar; wo sie angeheftet eine gefältelte Tasche bildend (Fig. 50). Gaumenzähne in 2 langen Querreihen; 2 gezähnelte quere Hautfalten vor dem Schlund; Trommelfell unsichtbar. Finger frei; Zehen an der Basis durch Schwimmhaut verbunden, die nicht zwischen die Metatarsen der 4. und 5. Zehe eingreift; Finger- und Zehenspitzen nicht verbreitert. Praecoracoide sehr schwach, häutig, Coracoide kräftig; Omosternum fehlt; Sternum eine breite Knorpelplatte. Querfortsätze des Sacralwirbels mäßig stark verbreitert.

1 Art auf Borneo.

1. **C. brooksii** Blgr. 1904 *C. B.*, Boulenger in: Ann. nat. Hist., ser. 7 *v.* 13 p. 43 t. 2 (Habitus, Mundhöhle, Vorderfuß, Schultergürtel).

Körperform sehr gedrungen. Kopf stark abgeplattet, $1^2/_3$ mal so breit wie lang; Auge klein; Interorbitalraum 3 mal so breit wie ein oberes Augenlid. Finger und Zehen kurz, mit stumpfen Spitzen; 1. Finger kürzer als der 2.; Subarticularhöcker undeutlich oder schwach vorspringend; Metacarpalhöcker groß, oval; medialer Metatarsalhöcker ziemlich groß, stark vorspringend. Bei nach vorn an den Körper angelegtem Hinterbein reicht das Tarsometatarsalgelenk bis zum Auge. Haut auf Kopf und Rumpf gekörnelt, auf den Beinen und dem Bauch glatt. Oberseite gelblich, zierlich mit dunkelbraunen, seitlich und auf den Beinen ein Netzwerk bildenden Linien gemustert; auf Kopf und Nacken eine)-(-förmige, dunkelbraune, hell gesäumte Zeichnung, deren Längsäste sich vorne und hinten gabeln; 2 Ketten kleiner, schwarzer, teilweise mit heller Mitte versehener Flecke längs der Rückenmitte; Unterseite weiß, Kehle mit runzelartigen, braunen Querbinden. — L. 50 mm.

Sarawak.

4. Gen. **Plethodontohyla** Boulenger

1882 *Cophyla* (non Boettger 1880) (part.) + *Plethodontohyla*, Boulenger, Cat. Batr. sal. Brit. Mus., ed. 2 p. 182, 473.

Pupille vertical. Zunge oval, ganzrandig, hinten frei abhebbar. Gaumenzähne in langer Querreihe hinter den Choanen. Trommelfell mehr oder weniger undeutlich. Finger frei, Zehen frei oder an der Basis durch Schwimmhaut verbunden, die nicht zwischen die Metatarsen der 4. und 5. Zehe eingreift. Finger- und Zehenspitzen zu deutlichen Haftscheiben verbreitert, mit T-förmigen knöchernen Endphalangen. Coracoide kräftig; Praecoracoide und Omosternum fehlen; Sternum sehr klein, knorplig. Querfortsätze des Sacralwirbels schwach verbreitert.

4 Arten auf **Madagaskar.**

Bestimmungstabelle der Arten:

1 Bei nach vorn an den Körper angelegtem Hinterbein reicht das **Tarsometatarsalgelenk:**
höchstens bis zwischen Auge und vorderes Kopfende — 2
weit über das vordere Kopfende hinaus — 3

2 Das Tarsometatarsalgelenk reicht:
zwischen Auge und vorderes Kopfende; Haut glatt . . . 1. **P. notosticta**
bis zum Hinterrand des Auges; Haut gekörnelt . . . . . 2. **P. brevipes**

3 Interorbitalraum etwas breiter als ein oberes Augenlid; Haut überall glatt . . . . 3. **P. inguinalis**
Interorbitalraum doppelt so breit wie ein oberes Augenlid; Vorderkopf mit Pusteln besetzt . . . . 4. **P. angulifera**

1. **P. notosticta** (Günther) 1877 *Callula n.*, Alb. Günther in: Ann. nat. Hist., ser. 4 *v.* 19 p. 316 t. 16 f. C | 1882 *Cophyla n.* + *Plethodontohyla n.*, Boulenger. Cat. Batr. sal. Brit. Mus., ed. 2 p. 182, 473.

Vorderkopf kurz, ziemlich spitz, mit deutlichem Canthus rostralis; Interorbitalraum breiter als ein oberes Augenlid. Finger und Zehen mäßig lang, frei; Finger an den Spitzen zu großen, Zehen zu kleinen Haftscheiben verbreitert; 1. Finger viel kürzer als der 2.; Subarticularhöcker und Metatarsalhöcker undeutlich. Bei nach vorn an den Körper angelegtem Hinterbein reicht das Tarsometatarsalgelenk bis zwischen das Auge und das vordere Kopfende. Haut überall glatt; eine schmale Drüsenfalte zieht vom Auge aus an der Rumpfseite entlang. Oberseite rötlichbraun, mit symmetrischer, dunkelbrauner Zeichnung mit 1 oder manchmal mehreren Paar weißlicher, schwarz gesäumter Punkte in der Sacralgegend und manchmal auch auf Kopf und Rücken; Kopfseiten schwärzlich; Canthus rostralis, freier Lidrand und die Seitenfalte rot. Unterseite hellbraun, undeutlich dunkel gesprenkelt. — L. 35 mm.

♂ mit subgularer Schallblase.

Madagaskar.

2. **P. brevipes** Blgr. 1882 *P. b.*, Boulenger, Cat. Batr. sal. Brit. Mus., ed. 2 p. 474.

Gaumenzähne in ——förmiger Reihe. Vorderkopf kurz, abgerundet, mit deutlichem Canthus rostralis; Interorbitalraum breiter als ein oberes Augenlid; Trommelfell wenig deutlich, $^2/_3$ so breit wie der Augendurchmesser. Finger und Zehen kurz, an den Spitzen schwach verdickt; 1. Finger kürzer als der 2.; Subarticular- und Metatarsalhöcker sehr undeutlich. Bei nach vorn an den Körper angelegtem Hinterbein reicht das Tarsometatarsalgelenk bis zum Hinterrand des Auges. Haut gekörnelt; eine Hautfalte vom Auge zur Schulter. Oben einfarbig dunkelbraun: Kehle braun, Bauch schmutzig weiß, braun gemustert. — L. 34 mm.

Madagaskar.

3. **P. inguinalis** Blgr. 1882 *P. i.*, Boulenger, Cat. Batr. sal. Brit. Mus., ed. 2 p. 473.

Vorderkopf kurz, ziemlich spitz, mit winkligem Canthus rostralis; Interorbitalraum breiter als ein oberes Augenlid; Trommelfell wenig deutlich, etwa $^{2}/_{5}$ so breit wie der Augendurchmesser. Finger und Zehen ziemlich schlank, an den Spitzen zu kleinen, dreieckigen Haftscheiben verbreitert; 1. Finger etwas kürzer als der 2.; Subarticularhöcker an den Fingern schwach entwickelt, an den Zehen, ebenso wie der Metatarsalhöcker, undeutlich. Bei nach vorn an den Körper angelegtem Hinterbein reicht das Tarsometatarsalgelenk weit über das vordere Kopfende hinaus. Haut überall glatt; eine schmale Drüsenfalte vom Auge zu den Rumpfseiten. Oben dunkel-olivenfarbig, Drüsenfalte und eine Querbinde zwischen den Augen heller; ein schwarzer, hell gesäumter Fleck in der Weiche; Hinterbeine mit schwarzen Querbinden; Oberschenkelseiten und Unterseite der Unterschenkel weiß punktiert; Unterseite braun, dunkel vermiculiert. — L. 60 mm.

Madagaskar.

4. **P. angulifera** Wern. 1903 *P. a.*, F. Werner in: Zool. Anz., *v.* 26 p. 251.

Vorderkopf abgerundet, mit deutlichem, geradem Canthus rostralis; Interorbitalraum doppelt so breit wie ein oberes Augenlid; Trommelfell $^{1}/_{2}$ so breit wie das Auge. 1. Finger viel kürzer als der 2.; Fingerspitzen zu kleinen, abgestutzten Haftscheiben, die am Grunde durch Schwimmhaut verbundenen Zehen an den Spitzen zu sehr kleinen Haftscheiben verbreitert; Subarticularhöcker ganz undeutlich. Bei nach vorn an den Körper angelegtem Hinterbein reicht das Tarsometatarsalgelenk weit über das vordere Kopfende hinaus. Haut glatt, auf dem Vorderkopf mit Pusteln besetzt. Oben rotbraun, an den Kopfseiten viel dunkler; Rücken mit 4 dunklen, nach hinten offenen Winkelflecken; Gliedmaßen dunkel gebändert, unten ebenso wie die Kehle rotbraun, Bauch weiß. — L. 25 mm.

Fundort?

5. Gen. **Dyscophina** Kampen

1905 *D.*, Kampen in: Zool. Jahrb., Syst. *v.* 22 p. 708 t. 26.

Fig. 51.
Dyscophina volzi Kamp.
Knöcherne Endphalange, stark vergr.
(nach Kampen).

Pupille horizontal-oval, fast kreisrund. Zunge hinten frei, ganzrandig. Gaumenzähne in 2 langen Querreihen; 2 nicht gezähnelte quere Hautfalten vor dem Schlundeingang. Trommelfell unsichtbar. Finger frei, Zehen mit Schwimmhaut, die nicht zwischen die Metatarsen der 4. und 5. Zehe eingreift; Finger- und Zehenspitzen schwach verbreitert, mit an der Spitze knopfartig verdickten knöchernen Endphalangen (Fig. 51). Praecoracoide verknöchert, Coracoide stark entwickelt; Omosternum äußerst klein, knorplig; Sternum eine große ankerförmige Knorpelplatte. Querfortsätze des Sacralwirbels mäßig stark verbreitert.

1 Art auf Sumatra.

1. **D. volzi** Kamp. 1905 *D. v.*, Kampen in: Zool. Jahrb., Syst. *v.* 22 p. 708 t. 26 f. 1—4 (Habitus, Gaumen, Schultergürtel, Endphalange).

Körperform gedrungen. Kopf breiter als lang. Vorderkopf so lang wie oder etwas kürzer als der Augendurchmesser, mit winkligem Canthus rostralis und schief abfallender, wenig vertiefter Zügelregion; Interorbitalraum etwa $1^{1}/_{2}$ mal so breit wie ein oberes Augenlid. 1. Finger sehr wenig kürzer als der 2.; Schwimmhaut an allen Zehen, auch an der Lateralseite der 5. Zehe, mindestens als deutlicher Hautsaum bis zur Spitze reichend; Subarticularhöcker flach; Metacarpalhöcker deutlich; medialer Metatarsalhöcker stark vorspringend, seitlich zusammengedrückt, lateraler Höcker schwach. Bei nach vorn an den Körper angelegtem Hinterbein erreicht das Tarsometatarsalgelenk das Auge. Oberseite glatt oder sehr schwach körnig, mit verstreuten kleinen Warzen, die teilweise mehr oder weniger deutlich zu einer vom Auge nach hinten ziehenden, sehr niedrigen und schwachen Längsfalte verschmelzen; eine schwache Falte vom Auge zur Schulter; Unterseite fast völlig glatt. Rötlichbraun, unten heller, mehr oder weniger zusammenfließende Flecke bilden auf dem Rücken zuweilen eine undeutliche >\<-förmige Figur; Rumpfseiten und hintere Hälfte der Unterseite stark dunkel gefleckt; Hinterseite der Oberschenkel ganz dunkel. — L. 34 mm.

♂ mit subgularer Schallblase.

Palembang auf Sumatra.

6. Gen. **Platyhyla** Boulenger

1889 *P.*, Boulenger in: Ann. nat. Hist., ser. 6 *v.* 4 p. 247.

Pupille horizontal. Zunge groß, oval, hinten ganzrandig und frei abhebbar. Gaumenzähne in langen \/-förmigen oder in 1 einheitlichen Querreihe. Trommelfell unsichtbar. Finger frei, Zehen durch Schwimmhaut verbunden, die nicht zwischen die Metatarsen der 4. und 5. Zehe eingreift; Finger- und Zehenspitzen zu sehr großen, von Y-förmigen knöchernen Endphalangen gestützten Haftscheiben verbreitert. Praecoracoide sehr schlank, fast rechtwinklig gebogen und nur in ihrer proximalen Hälfte verknöchert; Coracoide kräftig; Omosternum sehr klein, knorplig; Sternum eine kleine Knorpelplatte. Querfortsätze des Sacralwirbels mäßig stark verbreitert.

3 Arten in Madagaskar.

Bestimmungstabelle der Arten:

1 { Gaumenzähne in 2 getrennten Reihen — 2
  { Gaumenzähne in 1 ununterbrochenen Reihe . . . . 3. **P. voeltzkowi**

2 { Das laterale Ende der Gaumenzahnreihe liegt:
  { hinter dem medialen Rand der Choane; Oberseite glatt . 1. **P. grandis**
  { hinter dem lateralen Rand der Choane; Oberseite höckerig . 2. **P. verrucosa**

1. **P. grandis** Blgr. 1889 *P. g.*, Boulenger in: Ann. nat. Hist., ser. 6 *v.* 4 p. 247.

Gaumenzahnreihen miteinander einen stumpfen Winkel bildend, bis hinter die mediale Ecke der Choanen reichend; Zunge sehr groß, fast völlig den Boden der Mundhöhle bedeckend. Kopf stark abgeplattet, breiter als lang; Vorderkopf sehr kurz, abgerundet, mit stumpfem Canthus rostralis; Nasenloch gleich weit vom Auge und vom vorderen Kopfende entfernt; Interorbitalraum etwas breiter als ein oberes Augenlid. 1. Finger kürzer als der 2.; Finger mit sehr großen, abgestutzten Haftscheiben, von denen die des 3. Fingers merklich größer ist als das Auge; Metacarpalhöcker groß, oval, seitlich zusammengedrückt; Zehen zu $^1/_3$ ihrer Länge durch Schwimmhaut verbunden, mit kleineren Haftscheiben als die Finger; Subarticularhöcker und medialer Metatarsalhöcker klein, schwach vorspringend. Bei nach vorn an den Körper angelegtem Hinterbein reicht das Tibiotarsalgelenk bis zum Ohr. Haut glatt. Oben braun, auf den Beinen undeutlich dunkel quer gebändert; unten bräunlichweiß. — L. 83 mm.

♂ mit inneren Schallblasen.

Madagaskar.

2. **P. verrucosa** Mocq. 1901 *P. v.*, F. Mocquard in: Bull. Mus. Paris, *v.* 7 p. 254 | 1902 *P. v.*, F. Mocquard in: Bull. Soc. philom., ser. 9 *v.* 4 p. 24 t. 2 f. 5.

Gaumenzähne in 2 getrennten, einen stumpfen, nach vorn offenen Winkel miteinander bildenden Querreihen, deren laterales Ende hinter dem lateralen Choanenrand liegt. Kopf stark abgeplattet, beträchtlich breiter als lang. Vorderkopf abgerundet, kaum länger als der horizontale Augendurchmesser, mit stumpfem Canthus rostralis; Nasenloch etwas näher beim vorderen Kopfende als beim Auge: Interorbitalraum viel breiter als ein oberes Augenlid; Trommelfell wenig deutlich. Finger an der Basis, Zehen zu $^1/_3$ ihrer Länge durch Schwimmhaut verbunden; 1. Finger viel kürzer als der 2.; Haftscheiben der Finger groß, abgestutzt (am 3. Finger so groß wie das Auge), die der Zehen kleiner; Subarticularhöcker undeutlich: Metacarpalhöcker groß, etwas seitlich zusammengedrückt, medialer Metatarsalhöcker länglich, wenig vorspringend. Bei nach vorn an den Körper angelegtem Hinterbein reicht das Tibiotarsalgelenk bis zum Trommelfell. Oberseite von Kopf und Rumpf mit warzigen, ungleich großen, auf dem Vorderkopf kleineren und dichter gedrängten, Warzen besetzt. Oben dunkel mit unregelmäßiger heller Zeichnung; Unterseite schmutzig gelb, hinten braun gesprenkelt; Gliedmaßen einschließlich der Finger oben mit sehr deutlichen, breiten, schwärzlichbraunen Querbinden. — L. 58 mm.

Madagaskar.

3. **P. voeltzkowi** Boettg. 1913 *P. v.*, O. Boettger in: Voeltzkow, Reise O.-Afr., *v.* 3 p. 282 t. 23 f. 7.

Gaumenzähne in ununterbrochener, einen nach vorn offenen Winkel bildender Querreihe. Vorderkopf stumpf abgestutzt, so lang wie der Augendurchmesser, mit flach abfallender, vertiefter Zügelregion; Nasenloch näher beim vorderen Kopfende als beim Auge; Trommelfell sehr undeutlich, etwa $^1/_2$ so groß wie das Auge. Haftscheibe des 3. Fingers so groß wie das Auge; Finger völlig frei. Oberseite, besonders auf Vorderkopf und Augenlidern, stark höckerig und warzig; eine kräftige, gebogene Hautfalte vom Auge oberhalb des Trommelfells hin zur Schulter: Bauch und Hinterseite der Oberschenkel schwach gekörnelt. Oben dunkelolivenbraun, durch eine Querbinde zwischen den Augen und zahlreiche wurmförmige, weißliche Linien in große Inselflecke geteilt; Rumpfseiten mit weißer Fleckenreihe; Gliedmaßen mit weißlichen Doppelbinden regelmäßig quer gebändert; eine winklige weiße Querbinde über dem After; Unterseite weißlich, seitlich grau gewölkt. — L. 42 mm.

Madagaskar.

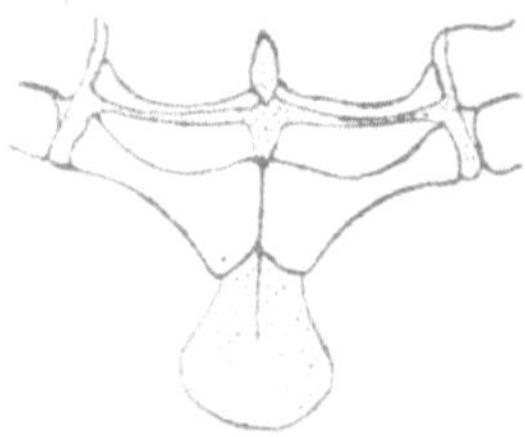

Fig. 52. **Mantipus hildebrandti** Ptrs. Schultergürtel (nach Peters).

7. Gen. **Mantipus** Peters

1883 *M.*, Peters in: SB. Ak. Berlin, p. 165 f. (Schultergürtel) | 1895 *Mantiphrys*, F. Mocquard in: Bull. Soc. philom., ser. 8 *v.* 7 p. 134 (nota).

Pupille horizontal. Zunge oval, ganzrandig, hinten und seitlich frei abhebbar. Gaumenzähne in 2 nach hinten konvergierenden langen Querreihen hinter den Choanen. Finger und Zehen frei, an den Spitzen zu deutlichen Haftscheiben verbreitert, mit T-förmigen knöchernen Endphalangen; keine Schwimmhaut zwischen den Metatarsen der 4. und 5. Zehe. Coracoide stark: Praecoracoide verknöchert, Omosternum klein, ebenso wie das

Sternum knorplig (Fig. 52). Querfortsätze des Sacralwirbels mäßig stark verbreitert.

1 Art auf Madagaskar.

1. **M. hildebrandti** Ptrs. 1883 *M. h.*, Peters in: SB. Ak. Berlin, p. 166 | 1895 *M. h.* + *Mantiphrys laevipes*, F. Mocquard in: Bull. Soc. philom., ser. 8 *v.* 7 p. 132, 134 (nota) | 1902 *Mantipus hildebrandti*, F. Mocquard ibid., ser. 9 *v.* 4 p. 23.

Kopf abgeplattet, breiter als lang; Vorderkopf abgerundet, etwas länger als der Augendurchmesser, mit deutlichem Canthus rostralis; Nasenloch näher beim vorderen Kopfende als beim Auge; Interorbitalraum doppelt so breit wie ein oberes Augenlid; Trommelfell deutlich, $^1/_2$ so breit wie das Auge. 1. Finger merklich kürzer als der 2.; Subarticularhöcker undeutlich; medialer Metatarsalhöcker mehr oder weniger stark vorspringend. Bei nach vorn an den Körper angelegtem Hinterbein reicht das Tibiotarsalgelenk bis zum Vorderrand des Auges. Haut glatt; eine deutliche Hautfalte vom Auge oberhalb des Trommelfells hin zur Schulter. Oberseite braun, manchmal mit undeutlichem Winkelfleck, dessen Scheitelpunkt auf dem Hinterkopf liegt; Zügel- und Schläfengegend schwärzlich, eine graue Querbinde zwischen den Augen, Lippen hell gefleckt; Unterseite braun, in den Weichen, hinter dem Oberschenkel und unter dem Unterschenkel hell gefleckt; Gliedmaßen, besonders die hinteren, oben dunkel quer gebändert. — L. 62 mm.

Madagaskar.

8. Gen. **Phrynocara** Peters

1883 *P.*, Peters in: SB. Ak. Berlin, p. 166 f. (Schultergürtel).

Pupille horizontal. Zunge groß, oval, hinten und an den Seiten frei. Gaumenzähne in bogenförmiger oder gerader Querreihe hinter den Choanen; 1 breite Querfalte vor dem Schlund. Finger frei, Zehen höchstens an der Basis durch Schwimmhaut verbunden, die nicht zwischen die Metatarsen der 4. und 5. Zehe eingreift; Finger- und Zehenenden spitz. Praecoracoide nicht verknöchert (Fig. 53). Sternum und Omosternum knorplig.

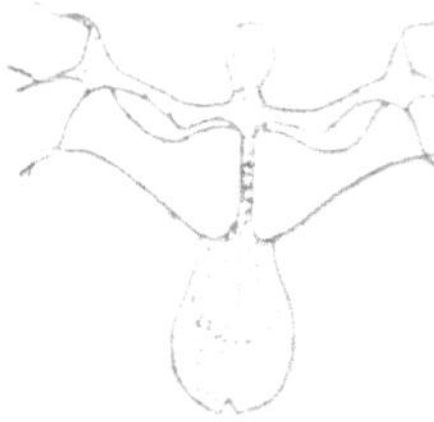

Fig. 53.
Phrynocara tuberatum Ptrs.
Schultergürtel (nach Peters).

3 Arten auf Madagaskar.

Bestimmungstabelle der Arten:

1	Nasenloch näher beim vorderen Kopfende als beim Auge; 1. Finger kürzer als der 2. — **2**	
	Nasenloch gleichweit von Auge und Schnauzenspitze entfernt; 1. und 2. Finger gleich lang	3. **P. quinquelineatum**
2	2 Metatarsalhöcker vorhanden; Rückenhaut höckerig .	1. **P. tuberatum**
	Nur der mediale Metatarsalhöcker vorhanden, Rückenhaut glatt	2. **P. laeve**

1. **P. tuberatum** Ptrs. 1883 *P. t.*, Peters in: SB. Ak. Berlin, p. 167.

Gaumenzähne in bogenförmiger, nach hinten convexer Querreihe. Vorderkopf etwas länger als das Auge, an der Spitze abgerundet, mit deutlichem, bogenförmigem Canthus rostralis; Nasenloch näher beim vorderen Kopfende als beim Auge; Interorbitalraum etwas breiter als ein oberes Augenlid; Trommelfell nur wenig kleiner als das Auge. Finger und Zehen völlig frei; 1. Finger kürzer als der 2.; von den je 2 Metacarpal- und Metatarsalhöckern ist der mediale der stärkere. Bei nach vorn an den Körper angelegtem Hinterbein reicht die 4. Zehe über das vordere Kopfende hinaus. Kopf und Rumpf oben mit großen Höckern besetzt; Oberschenkel hinten fein gekörnelt; Unterseite glatt. Oben braun mit schwärzlichen Flecken, hintere Hälfte der Körperseiten, Inguinalgegend, Hinterseite der Vorderbeine, Vorder- und Hinterseite der Oberschenkel, Unterseite der Unterschenkel, Oberseite des Fußes mit 1.—4. Zehe und die Unterseite des Körpers gelb gefleckt. — L. 42 mm.

♂ mit dunkelbrauner Kehle.

Madagaskar.

2. **P. laeve** Boettg. 1913 *P. l.*, O. Boettger in: Voeltzkow, Reise O.-Afr., *v.* 3 p. 282 t. 23 f. 10.

Gaumenzähne in in der Mitte nach hinten convexer Querreihe. Kopf viel breiter als lang; Vorderkopf so lang wie der Augendurchmesser, an der Spitze abgerundet, mit deutlichem, gebogenem Canthus rostralis und flach abfallender, wenig vertiefter Zügelregion; Nasenloch näher beim vorderen Kopfende als beim Auge; Interorbitalraum $1^1/_2$ mal so breit wie ein oberes Augenlid; Trommelfell kaum sichtbar, etwa $^1/_2$ so breit wie das Auge. Finger und Zehen frei, an den Spitzen abgerundet; 1. Finger erheblich kürzer als der 2.; medialer Carpalhöcker oval, etwas hervortretend; Subarticular- und medialer Metatarsalhöcker sehr schwach entwickelt, lateraler Höcker fehlt. Bei nach vorn an den Körper angelegtem Hinterbein reicht das Tibiotarsalgelenk bis zum Trommelfell. Haut oben glatt, auf dem Vorderkopf und den Augenlidern sowie auf der Hinterseite der Oberschenkel schwache Wärzchen; eine gerade, starke Hautfalte vom Auge zur Armwurzel; Unterseite glatt. Oben rötlichgrau, mit dunkelgrauen, nach den Seiten hin zahlreicher werdenden Flecken und Punkten; Flecken auf dem Vorderkopf, ein X-förmiger großer Fleck zwischen und hinter den Augen und unregelmäßige Flecke auf dem Vorderrücken dunkelbraun, fein weiß gesäumt; Schläfenfalte schwärzlich, oben mit lebhaft weißrötlichem, schmalem Saum, Gliedmaßen mit zahlreichen, teilweise nicht sehr deutlichen, dunklen Querbinden; Zehen mit weißem Ring vor der dunklen Spitze; Aftergegend schwärzlich mit weißlichen Punkten; Seiten und die weißliche Unterseite außer am Bauche und an der Medialseite dicht schwarzgrau punktiert und gefleckt. — L. 41 mm.

Madagaskar.

3. **P. quinquelineatum** Boettg. 1913 *P. q.*, O. Boettger in: Voeltzkow, Reise O.-Afr., *v.* 3 p. 283 t. 23 f. 11—17 (verschiedene Altersstadien).

Gaumenzähne in in der Mitte deutlich unterbrochener, geradliniger Querreihe quer über den ganzen Gaumen. Kopf viel breiter als lang; Vorderkopf kaum kürzer als der Augendurchmesser, abgerundet, mit deutlichem Canthus rostralis und steil abfallender Zügelregion; Nasenloch gleich weit vom Auge und vom vorderen Kopfende entfernt; Interorbitalraum deutlich breiter als ein oberes Augenlid; Trommelfell verdeckt oder sehr undeutlich, weniger als $^1/_2$ so breit wie das Auge. Finger frei, Zehen an der Basis durch deutliche Schwimmhaut verbunden, beide spitz endigend; 1. und 2. Finger gleich lang; Subarticularhöcker knopfartig vorspringend; von den 2 Carpalhöckern ist der mediale ziemlich kräftig, kugelig; medialer Metatarsalhöcker schaufelförmig, so lang wie oder etwas länger als die 1. Zehe. Bei nach vorn an den Körper angelegtem Hinterbein reicht das Tibiotarsalgelenk noch nicht bis zur Schulter. Haut oben glatt, an den Seiten und hinten mit flachen Warzen; eine gerade Drüsenfalte vom Auge zur Schulter; Bauch und Unterseite der Oberschenkel gekörnelt. Oben silbergrau mit 5 breiten schwarzen Längsbinden, von denen die beiden lateralen gemeinsam am vorderen Kopfende, die mittelste zwischen den Augen, die beiden dazwischen gelegenen in der Schultergegend beginnen; 2 parallele, silberweiße Binden ziehen vom unteren Augenrand zur Mundspalte hin; Gliedmaßen undeutlich quer gebändert; Unterseite einfarbig schwarzbraun, Kehle fast schwarz, mit undeutlichen weißen Punkten auf Brust und Vorderbauch. — L. 25 mm.

Madagaskar.

9. Gen. **Platypelis** Boulenger

1882 *P.*, Boulenger, Cat. Batr. sal. Brit. Mus., ed. 2 p. 474.

Pupille horizontal. Zunge groß, oval, ganzrandig, hinten frei abhebbar. Gaumenzähne in 2 kleinen, dicht beieinander stehenden Gruppen hinter der Verbindungslinie der Choanen. Trommelfell wenig deutlich. Finger und Zehen durch Schwimmhaut verbunden, die nicht zwischen die Metatarsen der 4. und 5. Zehe eingreift; Finger- und Zehenspitzen zu Haftscheiben verbreitert, mit T-förmigen knöchernen Endphalangen. Praecoracoide schwach, den kräftigen Coracoiden aufliegend; Omosternum fehlt: Sternum eine kleine Knorpelplatte. Querfortsätze des Sacralwirbels mäßig stark verbreitert.

2 Arten auf Madagaskar.

Bestimmungstabelle der Arten:

1 { Bei nach vorn an den Körper angelegtem Hinterbein reicht das Tarsometatarsalgelenk:
bis zur Augenmitte . . . . 1. **P. cowanii**
über das vordere Kopfende hinaus . . . . 2. **P. pollicaris**

1. **P. cowanii** Blgr. 1882 *P. c.*, Boulenger, Cat. Batr. sal. Brit. Mus.. ed. 2 p. 474.

Kopf abgeplattet; Vorderkopf sehr kurz, abgerundet; Canthus rostralis kaum deutlich; Interorbitalraum so breit wie ein oberes Augenlid; Trommelfell fast so groß wie das Auge. Finger und Zehen kurz, erstere nur an ihrer Basis, Zehen zu $^1/_4$ ihrer Länge durch Schwimmhaut verbunden; 1. Finger viel kürzer als der 2.; Haftscheiben der Finger groß. abgestutzt, die der Zehen kleiner; Subarticularhöcker schwach, medialer Metatarsalhöcker sehr undeutlich. Bei nach vorn an den Körper angelegtem Hinterbein reicht das Tarsometatarsalgelenk bis zur Augenmitte. Haut oben und unten glatt. Oben olivenfarbig, dunkel marmoriert, Unterschenkel und Tarsus mit regelmäßigen Querbinden; Unterseite schmutzig weiß. — L. 29 mm.

Madagaskar.

2. **P. pollicaris** Blgr. 1888 *P. p.*, Boulenger in: Ann. nat. Hist., ser. 6 v. 1 p. 106 t. 6 f. 3, a (Habitus, Mundhöhle).

Kopf so lang wie breit; Vorderkopf abgerundet, so lang wie der Augendurchmesser; Canthus rostralis kaum deutlich; Interorbitalraum etwas breiter als ein oberes Augenlid; Trommelfell $^2/_5$ so breit wie das Auge. Finger durch eine Spur Schwimmhaut, die kurzen Zehen zu $^1/_3$ ihrer Länge durch Schwimmhaut verbunden; 1. Finger kürzer als der 2., 3. Finger viel länger als alle anderen Finger; Fingerspitzen zu ziemlich großen, runden Haftscheiben verbreitert; medialer Metacarpalhöcker groß, oval, seitlich zusammengedrückt; medialer Metatarsalhöcker schmal, sehr schwach vorspringend. Bei nach vorn an den Körper angelegtem Hinterbein reicht das

Tarsometatarsalgelenk über das vordere Kopfende hinaus. Haut glatt. Oben bräunlich, fein dunkel und hell marmoriert; Oberschenkel und Unterseite einfarbig hellbräunlich. — L. 26 mm.

♂ mit inneren Schallblasen.

Madagaskar.

10. Gen. **Cophyla** O. Boettger

1880 *C.*, O. Boettger in: Zool. Anz., *v.* 3 p. 281 | 1881 *C.*, O. Boettger in: Abh. Senckenb. Ges., *v.* 12 p. 516 | 1882 *C.*, Boulenger, Cat. Batr. sal. Brit. Mus., ed. 2 p. 475.

Pupille horizontal. Zunge groß, ganzrandig, hinten frei abhebbar. Gaumenzähne in einer einzelnen Gruppe in der Gaumenmitte hinter der Verbindungslinie der Choanen. Trommelfell unsichtbar. Finger frei, Zehen durch Schwimmhaut verbunden, die nicht zwischen die Metatarsen der 4. und 5. Zehe eingreift. Finger- und Zehenspitzen zu deutlichen, auf der Oberseite durch eine Längsfurche geteilten Haftscheiben verbreitert. Schultergürtel und Sacralwirbel?

1 Art auf Madagaskar.

1. **C. phyllodactyla** Boettg. 1880 *C. p.*, O. Boettger in: Zool. Anz., *v.* 3 p. 281 | 1881 *C. p.*, O. Boettger in: Abh. Senckenb. Ges., *v.* 12 p. 516 t. 5 f. 19 a—c (Habitus, Kopf, Mundhöhle, Füße) | 1882 *C. p.*, Boulenger, Cat. Batr. sal. Brit. Mus., ed. 2 p. 183, 475.

Vorderkopf stumpf; Nasenloch näher beim vorderen Kopfende als beim Auge. Haftscheiben des 2.—4. Fingers verhältnismäßig groß, die der 5. Zehe fast größer als die der 3.; Zehen an der Basis durch Schwimmhaut verbunden; Subarticularhöcker wenig vorspringend, lateraler Carpalhöcker undeutlich, medialer Höcker verhältnismäßig groß, dick, gerundet, doppelt so groß wie der längliche mediale Metatarsalhöcker. Oben glatt, am Bauch, unter den Oberschenkeln, an der Hand- und Fußsohle gekörnelt; eine feine Hautfalte zieht vom Auge oberhalb des Trommelfells hin zur Schulter. Oben hellgraubraun, mit oder ohne undeutliche, breite, Λ- oder M-förmige, dunkelbraune Querbinden auf Kopf und Rücken; Gliedmaßen mehr oder weniger deutlich dunkel quer gebändert; Unterseite einfarbig weißlich oder hellfleischfarbig; einige scharf hervortretende Punktflecke in den Weichen, auf den Oberschenkeln, am Unterkieferrand, sowie ein Teil der Körnchen der Unterseite schwefelgelb. — L. 30 mm.

Nossi Bé bei Madagaskar.

11. Gen. **Anodonthyla** Friedr. Müller

1892 *A.*, Friedr. Müller in: Verh. Ges. Basel, *v.* 10 p. 198.

Pupille horizontal. Zunge birnförmig, hinten leicht eingekerbt. Gaumenzähne fehlen. Finger- und Zehenspitzen verbreitert.

1 Art.

1. **A. boulengerii** Friedr. Müll. 1892 *A. B.*, Friedr. Müller in: Verh. Ges. Basel, *v.* 10 p. 198 t. 3 f. 2 a (Habitus, Mundhöhle).

Vorderkopf wenig vorspringend, vorn etwas seitlich zusammengedrückt; Canthus rostralis nur vorn deutlich; Interorbitalraum so breit wie ein oberes Augenlid; Trommelfell unsichtbar. 1. Finger abgestutzt rudimentär, die übrigen Finger zu sehr großen, etwa dreieckigen Haftscheiben verbreitert,

Zehenspitzen nur sehr wenig verbreitert. Schwimmhaut fehlt; Subarticularhöcker mäßig groß, flach; Carpalhöcker groß, flach; Metatarsalhöcker fehlt. Bei nach vorn an den Körper angelegtem Hinterbein reicht das Tibiotarsalgelenk bis zum Auge. Haut oben und unten fein gekörnelt, zwischen den Augen mehrere höckerige Längsleisten. Oben dunkelerdbraun, mit breiter, dunkler Λ-Binde, deren Scheitelpunkt am Hinterende der Höckerleisten des Interorbitalraumes, deren freie Enden in den schmutzig weißen Weichen liegen; Schenkel an ihrer Basis oben und an der ganzen Hinterseite mit blassen Flecken; Unterschenkel und Tarsus mit je 1 breiten, dunklen schrägen Binde. Unterseite schmutzig graubraun, Kehle und Vorderbrust dunkelbraun. — L. ?.

Madagaskar.

C. Unterfam. **Genyophryninae**

1890 *Genyophrynidae*, Boulenger in: P. zool. Soc. London, p. 327 | 1901 *Genyophryninae*, Gadow in: Cambridge nat. Hist., *v.* 8 p. 236.

Fig. 54. **Genyophryne thomsoni** Blgr. Unterkiefer 2 × vergr.

Oberkiefer unbezahnt, dagegen 8 oder 9 kleine Zähne jederseits in der vorderen Hälfte des Unterkiefers (Fig. 54). Querfortsätze des Sacralwirbels mäßig verbreitert.

1 Gattung mit 1 Art in Australien.

1. Gen. **Genyophryne** Boulenger

1890 *G.*, Boulenger in: P. zool. Soc. London, p. 326.

Fig. 55. **Genyophryne thomsoni** Blgr. Habitusbild (nach Boulenger).

Pupille horizontal. Zunge länglich, ganzrandig, an den Seiten frei abhebbar. Gaumenzähne vorhanden, 1 gezähnelte Querfalte vor dem Schlund. Trommelfell unsichtbar. Finger frei, Zehen an der Basis durch Schwimmhaut verbunden, die nicht zwischen die Metatarsen der 4. und 5. Zehe eingreift; Spitzen der Finger nicht, die der Zehen schwach verbreitert. Praecoracoide fehlen; Sternum knorplig.

1 Art in Australien.

1. **G. thomsoni** Blgr. 1890 *G. t.*, Boulenger in: P. zool. Soc. London, p. 327 t. 25 f. 1, a, b (Habitus, Mundhöhle, Unterkiefer).

Kopf groß, stark abgeplattet. Augen klein, weit voneinander entfernt. 1. Finger der kürzeste, 3. Finger viel länger als der 2. und 4.; medialer Metatarsalhöcker undeutlich. Ferse mit dreieckigem Hautlappen (Fig. 55). Haut glatt. Oben rötlichbraun, schwärzlich gemustert; Schläfen weißlich; eine helle Linie zieht von jedem Auge aus den Rücken entlang; Hinterseite des Oberschenkels und Unterseite des Tarsus schwarz. — L. 32 mm.

Südost-Insel bei Neuguinea.

Druckfehler: S. 69 lies *Ctenophryne geayi* statt *geagi*.

Alphabetisches Register

Nomenclator generum et subgenerum

von C. Apstein

Anodonthyla Friedr. Müller in: Verh. Ges. Basel, *v.* 10 p. 198. 1892. Sp.: *A. Boulengeri.*

Arthroleptis A. Smith, Ill. Zool. S.-Afr., Rept. App. p. 24. 1849. Sp.: *A. wahlbergii.*

Asterophrys Tschudi, Classif. Batr., p. 82. 1838. Sp.: *A. turpicola.*

Atelopus C. Duméril & G. Bibron, Erpét., *v.* 8 p. 660. 1841. Sp.: *A. flavescens.*

Austrochaperina Fry in: Rec. Austral. Mus., *v.* 9 p. 87. 1912. Sp.: *A. robusta, A. ornata, A. gracilipes.*

Berdmorea Stoliczka in: P. Asiat. Soc. Bengal, p. 146. 1872.

Bombinator Merrem, Versuch Syst. Amph., p. 178. 1820. Sp.: *B. systoma, B. ventricosus, B. maculatus, B. igneus, B. obstetricans, B. strumosus, B. horridus.*

Brachycephalus Fitzinger, Classif. Rept., p. 39, 65. 1826. Sp.: *B. ephippium.*

Brachymerus Dejean, Cat. Col., ed. 2. 1834. Col.

Brachymerus Dahlbom, Hym. Eur., *v.* 1 p. 519. 1845. Hym.

Brachymerus A. Smith, Ill. Zool. S.-Afr., Rept. t. & text 63 nota. 1847. Sp.: *B. bifasciatus.*

Breviceps Merrem, Versuch Syst. Amph., p. 177. 1820. Sp.: *B. gibbosus.*

Bufo Laurenti, Syn. Rept., p. 25. 1768.

Cacopoides Barbour in: Bull. Mus. Harvard, *v.* 51 p. 321. 1908. Sp.: *C. borealis.*

Cacopus Alb. Günther, Rept. Brit. Ind., p. 415. 1864. Sp.: *C. systoma, C. globulosus.*

Cacosternum Boulenger in: Ann. nat. Hist., ser. 5 *v.* 20 p. 51. 1887. Sp.: *C. nanum.*

Callophryne pro: *Kalophrynus* Tschudi 1838. L. Agassiz, Nomencl. zool., Index p. 61. 1846.

Calluella Stoliczka in: P. Asiat. Soc. Bengal., p. 146. 1872. Sp.: *C. guttulata.*

Callula pro: *Kaloula* J. E. Gray 1831. Alb. Günther, Rept. Brit. Ind., p. 436. 1864.

Callulina Nieden in: SB. Ges. Fr. Berlin, p. 449. 1910. Sp.: *C. kreffti.*

Callulops Boulenger in: Ann. nat. Hist., ser. 6 *v.* 1 p. 345. 1888. Sp.: *C. doriae.*

Calohyla pro: *Kaloula* J. E. Gray 1831. Peters in: Monber. Ak. Berlin, p. 454. 1863.

Calophryne pro: *Kalophrynus* Tschudi 1838. L. Agassiz, Nomencl. zool., Rept. p. 7. 1844.

Calophryne pro: *Kalophrynus* Tschudi 1838. Boulenger in: P. zool. Soc. London, t. 17 f. 4. 1900.

Calophrynus pro: *Kalophrynus* Tschudi 1838. E. D. Cope in: J. Ac. Philad., ser. 2 *v.* 6 p. 195. 1867.

Caluella [pro: *Calluella* Stoliczka 1872] Alb. Günther in: Zool. Rec., *v.* 9 p. 81. 1874.

Ceratophryne H. Schlegel, Handb. Dierk., *v.* 2 p. 57. 1858. Sp.: *C. turpicola.*

Ceratophrys Boie in: Wied, Beitr. Naturg. Bras., *v.* 1 p. 569. 1825. Sp.: *C. dorsatus, Boiei.*

Chaperina F. Mocquard in: Naturaliste, ser. 2 *v.* 14 p. 35. 1892. Sp.: *C. fusca.*

Chaunus Wagler in: Isis, *v.* 21 p. 744. 1828. Sp.: *C. marmoratus.*

Chiasmocleis Méhely in: Ann. Mus. Hungar., *v.* 2 p. 210. 1904. Sp.: *C. albopunctata.*

Choanacantha Méhely in: Termés. Füzetek, *v.* 21 p. 175. 1898. Sp.: *C. rostrata.*

Choerophryne Kampen in: Zool. Jahrb., Syst. *v.* 37 p. 376. 1914. Sp.: *C. proboscidea.*

Colpoglossus Boulenger in: Ann. nat. Hist., ser. 7 *v.* 13 p. 42. 1904. Sp.: *Brooksii.*

Cophixalus O. Boettger, Kat. Batr. Mus. Senckenb., p. 24. 1892. Sp.: *C. geislerorum.*

Cophyla O. Boettger in: Zool. Anz., *v.* 3 p. 281. 1880. Sp.: *C. phyllodactyla.*

Copiula Méhely in: Termés. Füzetek, *v.* 24 p. 242. 1901. Sp.: *C. oxyrhina.*

Ctenophryne F. Mocquard in: Bull. Mus. Paris, *v.* 10 p. 308. 1904. Sp.: *C. geayi.*

Dendrobates Wagler, Syst. Amph., p. 202. 1830. Sp.: *D. nigerrima, D. tinctoria, D. trivittata.*

Dendromanes Gistel, Naturg. Thierr., p. XI. 1848.

Dermatonotus Méhely in: Ann. Mus. Hungar., *v.* 2 p. 207. 1904. Sp.: *D. mülleri.*

Didynamipus L. G. Andersson in: Verh. Ges. Wien, *v.* 53 p. 143. 1903. Sp.: *D. sjöstedti.*

Diplopelma Alb. Günther, Cat. Batr. sal. Brit. Mus., p. 47, 50. 1858. Sp.: *D. ornatum.*

Discophus [pro: *Dyscophus* Grandidier 1872] Steindachner in: SB. Ak. Wien, *v.* 85 p. 191. 1882.

Dyscophina Kampen in: Zool. Jahrb, Syst. *v.* 22 p. 708. 1905. Sp.: *D. volzi.*

Dyscophus Grandidier in: Ann. Sci. nat., ser. 5 *v.* 15 art. 20 p. 10. 1872. Sp.: *D. insularis.*

Engistoma [pro: *Engystoma* Fitzinger 1826] Peracca in: Boll. Mus. Torino, *v.* 19 nr. 465 p. 23. 1904.

Engystoma Fitzinger, Classif. Rept., p. 39, 65. 1826. Sp.: *E ovalis, E. gibbosa, E. ventricosa.*

Ephippifer pro: *Ephippipher* Cocteau 1835. L. Agassiz, Nomencl. zool., Rept. p. 17. 1844.

Ephippipher Cocteau in: Mag. Zool., *v.* 5 Classe 3 t. 78 p. [12]. 1835. Sp.: *E. aurantiacus, E. Spixii.*

Gastrophryne Fitzinger, Syst. Rept., p. 33. 1843. Sp.: *G. rugosa, G. unicolor, G. dorsalis.*

Genyophryne Boulenger in: P. zool. Soc. London, p. 326. 1890. Sp.: *G. thomsoni.*

Glossostoma Alb. Günther in: Biol. Centr. Amer., Rept. Batr., p. 210. 1900. Sp.: *G. aterrimum.*

Glyphoglossus Alb. Günther in: P. zool. Soc. London, p. 483. 1868. Sp.: *G. molossus.*

Gnathophryne Méhely in: Termés. Füzetek, *v.* 24 p. 225. 1901. Sp.: *G. robusta, G. Boettgeri, G. dubia.*

Hemijus [pro: *Hemisus* Alb. Günther 1858] Marschall, Nomencl. zool., p. 49. 1873.

Hemisus Alb. Günther, Cat. Batr. sal. Brit. Mus., p. 47. 1858. Sp.: *H. guttatum.*

Holonectes Peters in: Monber. Ak. Berlin, p. 454. 1863. Sp.: *H. conjunctus.*

Hyla Laurenti, Syn. Rept., p. 32. 1768. Sp.: *H. ranaeformis, viridis, fusca, lactea, viridi-fusca, tibiatrix, aurantiaca, rubra, sceleton.*

Hyladactyla [pro: *Hyladactylus* Tschudi 1838] Tschudi, Classif. Batr., p. 85. 1838.

Hyladactylus Tschudi, Classif. Batr., p. 48, 85. 1838. Sp.: *H. baleatus.*

Hylaedactylus pro: *Hyladactylus* Tschudi 1838. L. Agassiz, Nomencl. zool., Rept. p. 23. 1844.

Hylaemorphus O. Schmidt in: SB. Ak. Wien, *v.* 24 p. 14. 1857. Sp.: *H. Dumerilii, H. Bibronii.*

Hylaplesia Boie in: Schlegel in: Isis, *v.* 20 p. 294. 1827. Sp.: *H. borbonica*, *H. achatina*, *H. trivittata*, *H nigerrima*, *H. punctata*, *H. tinctoria*, *H. luteola*.

Hylodactylus [pro: *Hyladactylus* Tschudi 1838] L. Agassiz, Nomencl. zool., Index p. 189. 1846.

Hylophorbus W. MacLeay in: P. Linn. Soc. N. S. Wales, *v.* 2 p. 186. 1878. Sp.: *H. rufescens*.

Hylophryne Fitzinger MS. in: Steindachner in: Verh. Ges. Wien, *v.* 14 p. 256. 1864. Sp.: *H. cumingii*.

Hyloplesia pro: *Hylaplesia* Boie 1827. L. Agassiz, Nomencl. zool., Index p. 189. 1846.

Hyperodon pro: *Uperodon* C. Duméril & G. Bibron 1841. L. Agassiz, Nomencl. zool., Index p. 190, 384. 1846.

Hypopachus W. Keferstein in: Nachr. Ges. Götting., p. 351. 1867. Sp.: *H. Seebachii*.

Kakophrynus Steindachner in: SB. Ak. Wien, *v.* 48 p. 191. 1863. Sp.: *K. sudanensis*.

Kalophrynus Tschudi, Classif. Batr. p. 86. 1838. Sp.: *K. pleurostigma*.

Kaloula J. E. Gray, Zool. Misc., p. 38. 1831. Sp.: *K. pulchra*.

Liophryne Boulenger in: Ann. nat. Hist., ser. 6 *v.* 19 p. 11. 1897. Sp.: *L. rhododactyla*, *L. brevipes*.

Mantiphrys F. Mocquard in: Bull. Soc. philom., ser. 8 *v.* 7 p. 134 nota 1895. Sp.: *M. laevipes*.

Mantipus Peters in: SB. Ak. Berlin, p. 165. 1883. Sp.: *M. Hildebrandti*.

Mantophryne Boulenger in: Ann. nat. Hist., ser. 6 *v.* 19 p. 12. 1897. Sp.: *M. lateralis*.

Megalophrys pro: *Megophrys* Kuhl 1824. Kuhl in: Wagler, Syst. Amph., p. 204. 1830.

Megophrys Kuhl in: Isis. *v.* 1 p. 475. 1822 (nom. nud.) in: Bull. univ. Sci. nat., *v.* 2 p. 83. 1824. Sp.: *M. montana*.

Méhelyia Wandolleck in: Abh. Mus. Dresden, *v.* 13 nr. 6 p. 7. 1911.

Melanobatrachus Beddome in: P. zool. Soc. London, p. 722. 1878. Sp.: *M. indicus*.

Metopostira Méhely in: Termés. Füzetek., *v.* 24 p. 238. 1901. Sp.: *M. ocellata*.

Micrhyla pro: *Microhyla* Tschudi 1838. C. Duméril & G. Bibron, Erpét., *v.* 8 p. 613. 1841.

Microbatrachus J. Roux in: Abh. Senckenb. Ges., *v.* 33 p. 228. 1910. Sp.: *M. pusillus*.

Microhyla Tschudi, Classif. Batr., p. 71. 1838. Sp.: *M. achatina*.

Microps Megerle in: G. Dahl, Col. Lep. Verz., p. 46. 1823. Sp.: *M. sepulchralis*. nom. nud. Col.

Microps Wagler in: Isis, *v.* 21 p. 744. 1828. Sp.: *M. unicolor*.

Nectophryne Buchholz & Peters in: Peters in: Monber. Ak. Berlin, p. 202. 1875. Sp.: *N. afra*.

Oreophryne O. Boettger in: Zool. Anz., *v.* 18 p. 135. 1895. Sp.: *O. senckenbergiana*.

Oreophryne Boulenger in: Ann. nat. Hist., ser. 6 *v.* 15 p. 521. 1895. Sp.: *O. Quelchii*.

Oreophrynella Boulenger in: Ann. nat. Hist., ser. 6 *v.* 16 p. 125. 1895. Sp.: *O. Quelchii*.

Otophryne Boulenger in: Tr. Linn. Soc. London, ser. 2 *v.* 8 p. 55. 1900. Sp.: *O. robusta*.

Oxydactyla Kampen in: Nova Guinea, *v.* 9 p. 464. 1913. Sp.: *O. brevicrus*.

Oxyrhynchus Spix, Spec. Testud. Ran. Bras., p. 49. 1824. Sp.: *O naricus*, *O. nasutus*, *O. semilineatus*, *O. granulosus*, *O. acutirostris*, *O. proboscideus*.

Pachybatrachus W. Keferstein in: Arch. Naturg, *v.* 341 p. 273. 1868. Sp.: *P. petersii*.

Phirix O. Schmidt in: SB. Ak. Wien, *v.* 24 p. 14. 1857. Sp.: *P. pachydermus*.

Phrynella Boulenger in: Ann. nat. Hist, ser. 5 *v.* 19 p. 346. 1887. Sp.: *P. pulchra*.

Phrynidium H. Lichtenstein & E. Martens, Nomencl. Rept. Mus. Berolin., p. 40. 1856.

Phryniscus Wiegmann in: N. Acta Ac. Leop., *v.* 17 p. 264. 1834. Sp.: *P. nigricans.*

Phrynixalus O. Boettger in: Zool. Anz., *v.* 18 p. 133. 1895. Sp.: *P. montanus.*

Phrynocara Peters in: SB. Ak. Berlin, p. 166. 1883. Sp.: *P. tuberatum.*

Phrynomantis Peters in: Monber. Ak. Berlin, p. 35. 1867. Sp.: *P. fusca.*

Platyhyla Boulenger in: Ann. nat. Hist., ser. 6 *v.* 4 p. 247. 1889. Sp.: *P. grandis.*

Platypelis Boulenger, Cat. Batr. sal. Brit. Mus., ed. 2 p. 474. 1882. Sp.: *P. cowanii.*

Plectropus C. Duméril & G. Bibron, Erpét., *v.* 8 p. 736. 1841. Sp.: *P. pictus.*

Plethodontohyla Boulenger, Cat. Batr. sal. Brit. Mus., ed. 2 p. 473. 1882. Sp.: *P. notosticta, P. inguinalis, P. brevipes.*

Pomatops Barbour in: P. biol. Soc. Washington, *v.* 23 p. 89. 1910. Sp.: *P. valvifera.*

Pseudohemisus F. Mocquard in: Bull. Soc. philom., ser. 8 *v.* 7 p. 109. 1895. Sp.: *P. obscurus.*

Rana Linné, Syst. Nat., ed. 10 p. 210. 1788. Sp.: *R. Pipa, Bufo, Rubeta, gibbosa, variegata, ventricosa, marina, typhonia, ocellata, cornuta, marginata, paradoxa, temporaria, esculenta, Hyla, arborea, boans.*

Ranina David in: N. Arch. Mus. Paris, *v.* 7 Bull. p. 76. 1872. Sp.: *R. symetrica.*

Rhinoderma C. Duméril & G. Bibron, Erpét., *v.* 8 p. 657. 1841. Sp.: *R. Darwinii.*

Rhombophryne O. Boettger in: Zool. Anz., *v.* 3 p. 567. 1880. Sp.: *R. testudo.*

Scaphiophryne Boulenger, Cat. Batr. sal. Brit. Mus., ed. 2 p. 472. 1882. Sp.: *S. marmorata.*

Scaptophryne Fitzinger in: SB. Ak. Wien, *v.* 42 p. 416. 1860. Sp.: *S. labyrinthica.*

Siphneus Fitzinger, Syst. Rept., *v.* 1 p. 33. 1843. Sp.: *S. ornatus.*

Sphenophryne Peters & Doria in: Ann. Mus. Genova, *v.* 13 p. 430. 1878. Sp.: *S. cornuta.*

Stenocephala Berthold, Latreille's Fam. Thierr., p. 418. 1827.

„Sténocéphale" Latreille, Fam. Règne an., p. 421. 1825.

Stenocephalus L. Agassiz, Nomencl. zool., Hemipt. p. 18. 1843.

Stenocephalus Tschudi, Classif. Batr., p. 86. 1838. Sp.: *S. microps.*

Stereocyclops E. D. Cope in: P. Amer. phil. Soc., *v.* 11 p. 165. 1869. Sp.: *S. incrassatus.*

Systoma Wagler, Syst. Amph., p. 205. 1830. Sp.: *S. gibbosa.*

Uperodon C. Duméril & G. Bibron, Erpét., *v.* 8 p. 746. 1841. Sp.: *U. marmoratum.*

Xenobatrachus Peters & Doria in: Ann. Mus. Genova, *v.* 13 p. 432. 1878. Sp.: *X. ophiodon.*

Xenorhina Peters in: Monber. Ak. Berlin, p. 82. 1863. Sp.: *X. oxycephala.*

FSC
www.fsc.org
MIX
Papier | Fördert
gute Waldnutzung
FSC® C083411

Zeitfracht Medien GmbH
Ferdinand-Jühlke-Straße 7
99095 Erfurt, Deutschland
produktsicherheit@kolibri360.de